U0352902

普通高等教育"十四五"规划教材

贵金属选冶理论与技术

周世杰 主编

北 京
冶 金 工 业 出 版 社
2024

内 容 提 要

本书全面系统地介绍了贵金属选冶理论与技术，内容分为4篇，第1篇（包括第1章、第2章）介绍了贵金属的基本理化性质、贵金属资源及贵金属的用途，第2篇（包括第3章~第5章）介绍了金银提取前的矿石加工、贵金属重力选矿和贵金属的浮选，第3篇（包括第6章~第12章）介绍了金银冶金，第4篇（包括第13章~第15章）介绍了铂族金属的提取。

本书可作为高等院校矿物加工、有色金属冶金专业的教学用书，也可供相关工程技术人员参考。

图书在版编目(CIP)数据

贵金属选冶理论与技术/周世杰主编．—北京：冶金工业出版社，2022.7（2024.8重印）

普通高等教育“十四五”规划教材

ISBN 978-7-5024-9146-8

Ⅰ.①贵…　Ⅱ.①周…　Ⅲ.①贵金属—选矿—高等学校—教材②贵金属冶金—高等学校—教材　Ⅳ.①TF83

中国版本图书馆CIP数据核字(2022)第076169号

贵金属选冶理论与技术

出版发行　冶金工业出版社　　**电　　话**　(010)64027926
地　　址　北京市东城区嵩祝院北巷39号　　**邮　　编**　100009
网　　址　www.mip1953.com　　**电子信箱**　service@mip1953.com

责任编辑　杨　敏　美术编辑　彭子赫　版式设计　郑小利
责任校对　郑　娟　责任印制　窦　唯
北京虎彩文化传播有限公司印刷
2022年7月第1版，2024年8月第2次印刷
787mm×1092mm　1/16；8.5印张；199千字；121页
定价35.00元

投稿电话　(010)64027932　投稿信箱　tougao@cnmip.com.cn
营销中心电话　(010)64044283
冶金工业出版社天猫旗舰店　yjgycbs.tmall.com
（本书如有印装质量问题，本社营销中心负责退换）

前　言

由于贵金属具有优良的特性，因而广泛应用于众多领域，特别是在许多尖端科技产业中，贵金属的应用日益广泛。因此，贵金属被誉为“现代工业的维生素”和“现代新金属”。

近年来，随着科学技术的发展，我国贵金属生产技术发展迅猛，并取得很大成果，特别是黄金生产得到飞速的发展，黄金产量已跃居世界前列，已向规模化、现代化方向发展。为了适应贵金属生产的发展和培养专业技术人才的迫切需要，推动贵金属行业技术进步和科技创新，编者在多年教学和科研实践经验的基础上，编写了本书。

本书较系统地介绍了贵金属选矿工艺原理、方法以及冶炼理论与实践。书中不仅对金、银的选矿方法、熔炼技术有详细的论述，而且对铂族金属回收、冶炼、精炼过程的各个环节也作了详细介绍。为了更好地帮助读者理解和掌握本书的内容，在各章末都配有复习思考题。

本书作为2021年东北大学资源与土木工程学院优质新编本科教材建设立项项目，在编写工作和出版经费方面学院给予了大力支持和帮助，同时也得到了矿物工程系领导和老师的支持和帮助，并提出了许多宝贵意见，在此致以诚挚的谢意。在编写过程中，参考了有关文献，在此向文献作者表示感谢。

由于编者水平所限，书中不足之处，敬请广大读者批评指正。

编　者

2021年12月

目　　录

第1篇　贵金属概论

第2篇 贵金属选矿

第3篇 金银冶金

绪 论

贵金属是指金、银和铂族元素，即金（Au）、银（Ag）、钌（Ru）、铑（Rh）、钯（Pd）、锇（Os）、铱（Ir）、铂（Pt）8 种金属。在元素周期表上位于第五周期和第六周期，原子序数是44~47 及76~79。由于它们的物理和化学性质稳定，在火法试金富集的行为中有相似之处，产量少，价昂贵，所以把它们归纳在一起，统称为贵金属。

从性质上讲，金、银和铜有不少相似性，属于周期表中的同一副族。钌、铑、钯、锇、铱、铂六个元素相互间也有许多相似性质，同属于周期表中的第八族，故称这六个元素为铂族元素或铂族金属。铂族金属还可划分为重铂金属和轻铂金属，重铂金属包括锇（原子序数 76）、铱（原子序数 77）、铂（原子序数 78）；轻铂金属包括钌（原子序数 44）、铑（原子序数 45）、钯（原子序数 46）。

金是人类发现最早的金属之一。黄金在自然界中绝大多数呈自然金矿物存在，具有化学惰性，不受空气和水的化学作用，具有鲜艳的像太阳光一样的黄澄澄的颜色和闪亮耀眼的金属光泽，极易吸引古人的注意。这就是黄金成为古人最早发现的金属之一的原因。拉丁语中的黄金为“aurum”，故取金的元素符号为“Au”。

银与金一样是人类发现最早的金属之一，距今至少已有 5000 多年。银的拉丁文名称为“argentm”，意为白色，故取银的元素符号为“Ag”。我国商代前就对金、银有所发现、认识，黄金的淘洗和加工技术也随之出现。

铂族 6 种元素，和金一样几乎呈单质状态存在于自然界，在地壳中的含量也与金相近，具有同样的化学惰性。铂族发现较晚，仅有 200 多年的历史。公元 1735 年，西班牙人尤罗阿在秘鲁发现了铂，并起名为西班牙语“Platina”（天然铂），同时将它带回欧洲。拉丁语中的铂为“platinum”，故取铂的元素符号为“Pt”。

1803 年，英国化学家威廉·海德·沃拉斯顿在处理铂矿的王水溶液中加入氯化铵沉淀出了铂氯化铵，于母液中发现了一种新元素，他为纪念当时新发现的小行星——武女星（Pallas）而用拉丁文“Palladium”（钯）命名这种新元素。钯的元素符号为“Pd”。

同年，威廉·海德·沃拉斯顿在沉淀钯后，滤去沉淀后向滤液中加盐酸，并把溶液蒸发至干后，发现一种鲜红的玫瑰红色结晶，他把这种结晶放在氢气流中还原，得到一种金属粉末，并用希腊文“玫瑰花”命名这种新元素为“Rhodium”（铑），铑的元素符号为“Rh”。

锇和铱的主要发现者为英国科学家史密斯逊·坦南特。1803 年，他将粗铂溶于王水中，在剩余的残渣中发现两种新金属。其中一种金属的化合物从溶液中析出时为黑色沉淀物。1804 年，用酸和碱交替处理该黑色沉淀物，分离出两种元素，从红色沉淀中提取出来的元素借希腊文“虹”之意命名为“Iridium”（铱），铱的元素符号为“Ir”；提取过程中产生臭气的元素，借希腊文“臭气”之意命名为“Osmium”（锇），锇的元素符号为“Os”。

钌是铂族元素中在地壳中含量最少的一个，因此最后被发现。1840 年，俄国喀山大学化学教授克劳斯在研究用王水处理铂矿的残渣时，将蒸馏所得的残渣溶解后，用氯化铵处理，得到了氯钌酸铵，经煅烧之后得到海绵状金属，借用“俄罗斯”的拉丁文名称命名为“Ruthernium”（钌），钌的元素符号为“Ru”。

第1篇　贵金属概论

1　贵金属的基本理化性质

1.1　贵金属的基本物理性质

纯净的金（Au）为黄色，银（Ag）为白色，因而俗称黄金、白银。铂族金属中除锇（Os）为青蓝色外，其余钌（Ru）、铑（Rh）、钯（Pd）、铱（Ir）、铂（Pt）均为银白色。

贵金属为高熔点、高沸点金属；具有较大的密度，其中锇密度最大，达 $22.48\times10^3kg/m^3$；均是热和电的优良导体，其中银是最好的导体；均易形成合金，其中金银具有良好的可锻性和延展性，可拉金丝和压成金箔；铂、钯易于机械加工，纯铂可冷轧成厚为0.0025mm的箔，铑、铱可以加工但很困难，而锇、钌硬度高且脆，几乎不能加工，只用来生产合金。

贵金属对气体的吸附能力很强。熔融态的银可溶解超过其体积20倍的氧气，但凝固时又逸出；金在450℃时能吸收约为其体积40倍的氧气，在熔化状态下吸收更多氧；在制成碎粒或海绵状的铂，常温时可吸收超过其本身体积114倍的氢，随着温度升高，吸附气体性能会更强；钯可制成非常稳定的固定制剂，其吸附性极强，能吸附3000倍体积的氢；铱、锇、钌、铑在熔融状态下能吸附少量的氢或其他气体，凝固时放出气体。

贵金属对光的反射能力较强。银对白光的反射能力最强，对550nm的光线，银、铑、钯的反射率分别为94%、78%和65%。

贵金属中除钌、锇为密集六方结构外，其他均是面心立方结构。贵金属元素的原子配位数均为12，其原子的性质和单质的物理性能见表1-1。

表1-1　贵金属元素原子的性质和单质的物理性能

性质	贵金属元素							
	金（Au）	银（Ag）	钌（Ru）	铑（Rh）	钯（Pd）	锇（Os）	铱（Ir）	铂（Pt）
原子序数	79	47	44	45	46	76	77	78
相对原子质量	196.97	107.87	101.07	102.91	106.40	190.20	192.22	195.09
原子半径/pm	144.2	144.4	132.5	134.5	137.6	134.0	135.7	138.8

续表 1-1

性质	贵金属元素							
	金（Au）	银（Ag）	钌（Ru）	铑（Rh）	钯（Pd）	锇（Os）	铱（Ir）	铂（Pt）
第一电离能/eV	9.225	7.567	7.37	7.46	8.34	8.70	9.10	9.00
晶体结构	面心立方	面心立方	密集六方	面心立方	面心立方	密集六方	面心立方	面心立方
颜　色	黄色	银白色	灰白色	灰白色	银白色	灰蓝色	银白色	银白色
熔点/℃	1064.43	961.93	2310	1966	1552	2700	2410	1772
沸点/℃	2807	2212	2900	3727	3140	5300	4130	3827
密度/$kg \cdot m^{-3}$	19300	10500	12300	12400	12020	22480	22420	21450
莫氏硬度	2.5	2.5	6.5	—	5.0	7.0	6.5	4.5

1.2　贵金属的基本化学性质

贵金属共同的化学特性是其化学稳定性。从元素电子结构层来分析，金、银的次外层 d 电子与外层的 s 电子一样也参与金属键的生成，因此它们的熔点和升华焓都比较高，不易被腐蚀。铂族元素电子结构的特点为 ns 轨道电子除锇、铱为 2 个电子外，其余都只有 1 个电子或没有，其价电子有从 ns 轨道转移到$(n-1)$d 轨道的强烈趋势，最外层电子不易失去。贵金属在元素周期表中位置及价电子层结构见表 1-2，原子的化合价见表 1-3。

表 1-2　贵金属在元素周期表中的位置及价电子层结构

周期	族			
	Ⅷ			ⅠB
5	44 Ru 钌 $4d^7 5s^1$	45 Rh 铑 $4d^8 5s^1$	46 Pd 钯 $4d^{10}$	47 Ag 银 $4d^{10} 5s^1$
6	76 Os 锇 $5d^6 6s^2$	77 Ir 铱 $5d^7 6s^2$	78 Pt 铂 $5d^9 6s^1$	79 Au 金 $5d^{10} 6s^1$

表 1-3　贵金属元素原子的化合价

性态	贵金属元素名称							
	金（Au）	银（Ag）	钌（Ru）	铑（Rh）	钯（Pd）	锇（Os）	铱（Ir）	铂（Pt）
主要氧化态	+1，+2 +3	+1，+2 +3	+3，+4 +6，+8	+2，+3 +4	+2，+4	+2，+3，+4 +6，+8	+2，+3 +4，+6	+1，+2 +4
稳定氧化态	+3	+1	+4	+3	+2	+8	+3，+4	+2，+4

贵金属的电化学性质主要是指它们的溶液或熔融的电极电位，它决定着金属的化学稳定性。在水溶液中存在着 H^+ 和 OH^- 离子，因此电极电位与 pH 值有关。贵金属元素标准还原电极电位见表 1-4，配位数见表 1-5。

表 1-4　贵金属元素标准还原电极电位

性态	贵金属元素化合价							
	+1 价金	+3 价金	+1 价银	+2 价钌	+3 价铑	+1 价钯	+3 价铱	+2 价铂
标准还原电极电位/V	1.692	1.401	0.799	0.455	0.799	0.83	1.156	1.188

表 1-5　贵金属元素配位数

元素名称	配位数
Au	2，3，4，5，6
Ag	2，3，4，6
Ru	4，6
Rh	3，4，5，6
Pd	4，6
Os	4，5，6
Ir	5，6
Pt	3，4，5，6

1.3　贵金属的化合物

贵金属化合物有氧化物、硫化物、卤化物、磷化物等。

1.3.1　金的化合物

金在化合物中的常见氧化态为+1 价和+3 价。其化合物有：Au_2O、Au_2O_3、$Au(OH)_3$、Au_2S、Au_2S_2、Au_2S_3、AuF_3、AuCl、Au_2Cl_3、AuBr、Au_2Br_6、AuI、AuI_3、AuCN，与 CN^-、$SC(NH_2)_2$ 及硫代硫酸盐（$S_2O_3^{2-}$）等形成的配合物。

由于单质金非常稳定，金的所有化合物的稳定性都很差，很容易被还原成单质状态，甚至加热或灼烧即可成金。

+1 价氧化金 Au_2O 是灰紫色粉末，温度超过 200℃，便分解为金属：

$$2Au_2O \xlongequal{\triangle} 4Au + O_2$$

+1 价氧化金在水中不溶解，在潮湿条件下产生歧化反应生成 Au 和 Au_2O_3：

$$3Au_2O = 4Au + Au_2O_3$$

金的卤化物是很不稳定的化合物，在 200℃以上分解为金属。在室温下，淡黄色 AuCl 粉末缓慢地歧化反应生成 Au 和 $AuCl_3$：

$$3AuCl = 2Au + AuCl_3$$

1.3.2　银的化合物

银的化合物有：Ag_2O、Ag_2S、AgF、AgCl、AgBr、AgI、$AgNO_3$、AgCN、Ag_2SO_4 等。

氧化银是向 Ag^+ 溶液中加入碱金属氢氧化物溶液，先生成白色 AgOH 沉淀，由于 AgOH 极不稳定，立即分解生成深褐色的 Ag_2O 沉淀，其总反应式为：

$$2Ag^+ + 2OH^- = Ag_2O + H_2O$$

Ag_2O 热稳定差，高于 160℃时发生分解反应：

$$2Ag_2O = 4Ag + O_2$$

把 H_2S 通入 $AgNO_3$ 溶液中可即析出黑色沉淀 Ag_2S。在空气中，H_2S 与金属银缓慢作

用生成 Ag_2S：

$$4Ag + 2H_2S + O_2(空气) = 2Ag_2S + 2H_2O$$

这就是暴露在空气中的银器表面变黑的主要反应。

Ag_2S 溶于氨水、硫代硫酸钠溶液，也不溶于非氧化性酸溶液，但可溶于热的稀硝酸溶液中：

$$3Ag_2S + 8HNO_3 = 6AgNO_3 + 2NO + 3S + 4H_2O$$

卤化银是 $AgNO_3$ 溶液与卤素离子（Cl^-、Br^-、I^-）反应沉淀出相应的 AgX，沉淀反应的速度很快，瞬间即可完成。卤化银的溶解速度递减顺序为 AgF→AgCl→AgBr→AgI。

AgX 对光敏感，在光照下可分解：

$$2AgX = 2Ag + X_2$$

硝酸银是最重要的银盐，通常由 Ag 与 HNO_3 反应制得：

$$3Ag + 4HNO_3(稀) = 3AgNO_3 + NO\uparrow + 2H_2O$$

$$Ag + 2HNO_3(浓) = AgNO_3 + NO_2\uparrow + H_2O$$

$AgNO_3$ 易溶于水，其溶解度随着温度的升高而增大，因此，可通过结晶的方法提纯。

硫酸银通常由硝酸银和硫酸氨进行复分解反应而制得，也可由银与热的浓硫酸反应制得：

$$2Ag + 2H_2SO_4 = Ag_2SO_4 + SO_2 + 2H_2O$$

银溶于浓硫酸还可结晶出酸式硫酸银 $AgHSO_4$，此盐遇水极易分解成 Ag_2SO_4。

1.3.3　铂的化合物

铂的化合物有 PtO_2、$Pt(OH)_2$、$Pt(OH)_4$、PtS、PtS_2、PtF_4、PtF_5、PtF_6、$PtCl_2$、$PtBr_2$、PtI_2、$PtCl_3$、$PtBr_3$、PtI_3、$PtCl_4$、$PtBr_4$、PtI_4 等。

在铂族金属中，铂与氧的亲和力最小，其细粉也能与氧结合。铂的氧化物、氢氧化物和水合氧化物见表 1-6。

表 1-6　铂的氧化物、氢氧化物和水合氧化物

化合物	颜色	溶解性	分解或失水温度
PtO	黑色	不溶于水、盐酸、乙醇，溶于王水	560℃，在 H_2 中分解
PtO_2	黑色	不溶于水，也不溶于酸	630℃分解
PtO_3	红棕色		不稳定，在室温下缓慢分解
$Pt(OH)_2$	黑色		潮湿条件下易氧化四价化合物
$Pt(OH)_4$	白色	溶于盐酸生成氯铂酸，溶于碱生成铂酸盐	热稳定性差，加热分解
$PtO_2\cdot 4H_2O$	白色	易溶于酸	
$PtO_2\cdot 3H_2O$	黄色	易溶于盐酸	浓硫酸作用脱水去 H_2O
$PtO_2\cdot 2H_2O$	棕色	易溶于盐酸	100℃进一步脱去 H_2O
$PtO_2\cdot H_2O$	黑色	不溶于盐酸，也不溶于王水	

铂的卤化物：纯铂在 500～600℃下与 F_2 作用时可得到 PtF_2，在 700～800℃时，PtF_2 分解为 Pt 和 F_2。500℃时在 Cl_2 气氛中加热 Pt 可制得 $PtCl_2$，$PtCl_2$ 是橄榄绿色固体，不溶

于水、硝酸、硫酸、醚和丙醇，溶于盐酸，能与多数金属氯化物作用生成亚氯铂酸盐。在 $PtBr_4$ 是棕黑色粉末，在氢溴酸和硝酸的混合酸中溶解 Pt，蒸发溶液并最终加热到 180℃就可制得 $PtBr_4$，将 $PtBr_4$ 在 180~280℃间加热可制得 $PtBr_2$，不溶于水，$PtBr_2$ 溶于氢溴酸和溴化钾溶液。将 KI 加入热而浓的 $H_2[PtCl_6]$溶液可制取棕黑色沉淀 PtI_4，将 KI 加入冷的 $H_2[PtCl_6]$溶液可生成一种黑色沉淀物 PtI_3，PtI_3 在 270℃时分解为 PtI_2。

铂的硫化物：Pt_2S 常用的制备方法是在铂族金属的氯化物溶液中通入 H_2S 或加入碱金属硫化物。在 90℃时，向 $H_2[PtCl_6]$稀溶液中通入 H_2S 可制得暗褐色的水合 PtS_2 沉淀。PtS_2 溶于王水，不溶于其他酸。在超过 310℃时，PtS_2 可分解并生成金属 Pt。

1.3.4 铑的化合物

铑的化合物主要为卤化物和氧化物，有 RhF_6、RhF_5、RhF_3、$RhCl_3$、$RhCl_2$、$RhBr_3$、RhI_3、Rh_2O_3、RhO、Rh_2O 等。

铑的卤化物：氟与铑反应，生成黑色的 RhF_6 固体，它是铂族金属中稳定性最小的六氟化物，干燥的 RhF_6 能与玻璃发生反应。400℃时，在加压的情况下，氟与 RhF_3 反应生成 RhF_5。在 500~600℃时，氟与 $RhCl_3$ 与 RhI_3 和反应，得到 RhF_3。RhF_3 很稳定，不与水、酸或碱反应。在 300℃时，氯气与铑反应生成红色的 $RhCl_3$ 晶体，不溶于水。溴和铑在 300℃时反应，生成 $RhBr_3$ 红棕色晶体，不溶于水。用 KI 与 $RhBr_3$ 作用，生成黑色 RhI_3 固体。

铑的氧化物：在氧气流中加热铑或 $RhCl_3$ 至 600℃，生成褐色 Rh_2O_3 固体。在温度为 800℃、压力为 100kPa 时，Rh_2O_3 分解出 RhO 和 Rh_2O。

1.3.5 钯的化合物

钯的化合物主要是卤化物、氧化物和硫化物，有 PdF_3、PdF_2、$PdCl_2$、$PdBr_2$、PdI_2、PdO_2、PdS、PdS_2 等。

钯的卤化物：在一定条件下，Pd 可与卤素（F、Cl、Br、I）形成简单的卤化物。其中 $PdCl_2$ 是最有实用价值的钯的化合物，它是制备其他含钯化合物的主要原料，也是工业上常用的含钯催化剂。$PdCl_2$ 可由赤热状态下的钯与氯气反应而得到：

$$Pd + Cl_2 \xlongequal{} PdCl_2$$

钯的氧化物：在 800~840℃时，在氧气流中加热金属钯，或者溶解钯粉、KOH 和 KNO_3 的混合物，能生成黑绿色的 PdO。当温度高于 870℃时，PdO 完全分解成钯。PdO 是唯一稳定的钯的氧化物。

钯的硫化物：把 $PdCl_2$ 和硫在抽空封闭容器中加热到 450℃，冷却后，用 CS_2 溶解掉多余的硫，可制得灰黑色的 PdS_2。金属钯与硫共溶，生成灰黑色的 PdS 晶体。

1.3.6 铱的化合物

铱的化合物主要有 $IrCl_3$、IrO_2、IrO_3 等。

$IrCl_3$ 是在高于 450℃的氯气流中加热金属铱制得的。它的水合物可用作制作各种铱配合物的原料。

铱的氧化物有 IrO_2 和 IrO_3 两种。将铱粉在空气或氧气中加热能制得 IrO_2。由金属铱与 KOH 或 KNO_3 共热制得 IrO_3。IrO_3 不如稳定 IrO_2 稳定，也不能制得很纯的产物。

1.3.7　锇的化合物

锇的化合物主要为卤化物和氧化物，有 OsF_8、OsF_6、OsF_4、$OsCl_4$、$OsCl_3$ 及 OsO_4 等。

锇的卤化物：在250℃时，粉状锇在铂制容器中与氟气反应，根据反应的温度和通入的氟气量的不同，可以制得 OsF_8、OsF_6、OsF_4。若温度高时，主要生成 OsF_8、OsF_6 等；当温度降低时，由于氟的供气量有限时，主要生成 OsF_4。可见，通过控制一定的温度，利用各种氟化物挥发性的不同，可将上述氟化物互相分离。将不含有水分和氧气的精制氯气与金属锇粉在特制器皿中加热，可得到 $OsCl_4$ 和 $OsCl_3$ 的混合物。当温度高于650℃且氧气过量时，可制取纯的红色晶体 $OsCl_4$。

锇的氧化物：将金属锇在空气中加热氧化，或者将锇粉溶于热的浓硝酸中，可制得 OsO_4。OsO_4 是浅黄色固体，易挥发，有强烈的难闻气味，有毒。OsO_4 是制备各种锇化合物的原料。

1.3.8　钌的化合物

钌的化合物主要为卤化物和氧化物，有 $RuCl_4$、$RuCl_3$、$RuBr_3$、RuI_3、RuO_4、RuO_2 等。

钌的卤化物：盐酸与 RuO_4 反应，生成红色易潮解的晶体 $RuCl_4 \cdot 5H_2O$。在氯化氢气氛中蒸发 RuO_4 的盐酸溶液，得到红色 $RuCl_3 \cdot 3H_2O$。蒸发 RuO_4 或 RuO_2 的氢溴酸溶液，得到不纯的 $RuBr_3$ 晶体，用氢还原 $RuBr_3$ 酒精溶液，从溶液可析出黑色 $RuBr_2$ 晶体。在 $RuCl_3$ 溶液中加入 KI，生成 RuI_3 黑色沉淀，它不溶于水，易氧化生成 I_2。

钌的氧化物：金属钌与过氧化钠共熔，在酸性中用氯气或者高锰酸钾处理熔体得到 RuO_4。RuO_4 是微溶于水的黄色晶体，易溶于 CCl_4，易挥发，有毒性，是一种强氧化剂。RuO_4 加热高于180℃时会发生爆炸分解，产物为 RuO_2 和 O_2。

复习思考题

1-1　什么是贵金属？

1-2　贵金属基本的理化性质有哪些？

1-3　贵金属元素的主要化合物有哪些？

2 贵金属资源和用途

贵金属在地壳中的含量甚少，其含量（g/t）为：银 0.07，金、钯 0.004，铂 0.002，铑、铱 0.0004，锇、钌小于 0.0004，低于稀散元素（镓、铟、锗、铊中最少的铟也有 0.1g/t），且分布极不平衡。

2.1 矿石和矿床类型

2.1.1 金矿石和矿床

金在地壳中分布很广，但含量极低。绝大部分在海水中，但其浓度太低（10^{-3} ~ $10mg/m^3$），目前从海水中提金暂无利可图。

工业上金的矿床分为脉金（又称矿金、岩金或原生金）矿床和砂金（次生）矿床。有色金属等硫化矿也是提金的重要原料。

世界黄金主要资源大国有：南非、美国、澳大利亚、俄罗斯、印度尼西亚、加拿大、中国。迄今为止，我国在所查明金矿资源储量中，岩金比例约占 60%~70%，砂金约占 10%，有色金属伴生金约占 20%~30%。可见主要是岩金，次之为伴生金，砂金占储量比较小。

砂金属于次生矿床，易于选别，所以人们早期主要开采砂金。中国砂金矿主要分布在黑龙江、四川、陕西、吉林、新疆等省。自 20 世纪 70 年代以来，随着选矿和冶炼技术的发展，大多数产金国开始大规模开采储量较大的岩金。岩金产量成为金的主要来源。岩金占中国黄金产量的达到 70%以上，主要分布在山东、河南、河北、吉林、湖南、内蒙古、黑龙江等省。伴生金主要赋存于有色金属和铁金属矿床中，尤其在富硫或砷化物的有色金属矿床中。伴生金的品位虽低，但产量还是相当可观的，在中国江西、湖北、安徽、甘肃、辽宁、湖南等多个省市自治区都有分布。

金的物理性质如下：

（1）纯金为赤黄色，为黄色金属，为立方晶格结构，具有良好的可锻性和延展性。金片能轧制成 $0.23\times10^{-6}mm$ 厚的金箔，纯金能拉成直径为 0.001mm 的金丝。1g 纯金子可拉成直径为 0.00434mm，长为 3.5km 的细丝，一盎司（31.103g）可以锤成 $28m^2$ 的薄片。

（2）金具有良好的导热性和导电性。金的导热率高，为银的 74%；金的比电阻低，其导电性能仅次于银和铜而居第三位。

（3）金的密度大，密度为 $19.32\times10^3kg/m^3$。自然金的密度介于 15.6×10^3 ~ $18.3\times10^3kg/m^3$ 之间，其与含杂质的多少成反比例增减。

（4）金具有中等硬度，布氏硬度为 $18.5kg/mm^2$，莫氏硬度为 2.5。

（5）金的熔化温度为 1064.4℃，沸腾温度为 2808℃。金在常温下几乎不挥发，在

1100~1300℃熔炼时，挥发损失的为 0.01%~0.025%，即“真金不怕火炼”。

金的化学性质如下：

（1）金的化学活性很低，在空气中不氧化，常称之为惰性金属。金在水溶液中的电极电位很高：

$$Au = Au^{+} + e \quad \varphi_0 = +1.88V$$

$$Au = Au^{3+} + 3e \quad \varphi_0 = +1.58V$$

因此，金在室温和高温时均不溶于水，不溶于碱，也不溶于任何诸如硫酸、硝酸、盐酸、氢氟酸及其他任何有机酸的水溶液中。

（2）金易溶解于王水；只有在强氧化剂，如硝酸、高锰酸、碘酸 H_5IO_6、无水硒酸 H_2SeO_4 等存在的条件下，金才能溶解于浓硫酸中。金溶解王水化学反应式为：

$$Au + HNO_3 + 4HCl = HAuCl_4 + NO\uparrow + 2H_2O$$

（3）用氯气饱和的盐酸也能溶解金，在有氧的存在下，碱金属和碱土金属的氰化物水溶液是金的良好溶剂。金与氰根水溶液化学反应式为：

$$4Au + 8CN^- + O_2 + 2H_2O = 4Au(CN)_2^- + 4OH^-$$

（4）氯水、溴水、碘化钾、碘氢酸和硫代硫酸盐及硫脲水溶液是金的另一类溶剂。金的溶解均生成络合物。金的一切化合物都不稳定，经过简单处理，都能使金很容易地还原成金属。

2.1.2　银矿石和矿床

世界银矿资源分两类：一类是共、伴生银矿；另一类是以银矿物为主的独立银矿。共伴生银矿是白银生产的主要资源。中国、墨西哥、秘鲁、澳大利亚、美国、加拿大 6 国银储量占世界总储量 72%以上。中国的银矿资源储量是相当可观的，以共生、伴生银资源为主。白银产量的 90%产自共生、伴生银矿的矿床中，其中主要是铅锌矿中共生伴生银，占 44%，其次是铜矿占 21%，其他占 25%，而独立银矿产量仅占 10%。银矿资源主要分布江西、广东、云南、内蒙古、广西、湖北、湖南、甘肃、四川、河南、河北、浙江等省区内。

中国银矿资源特点是：

（1）分布广泛，但储量相对集中；

（2）矿石类型多，银品位不高，银的赋存状态复杂；

（3）伴共生银资源储量多、产地多，贫矿多、富矿少；

（4）在成矿作用中，银与铅、锌、铜、铁、金 关系密切。

银的物理性质

（1）银为白色金属。为立方晶格结构，具有良好的可锻性和展延性。纯银也可拉成直径为 0.001mm 的细丝。

（2）银具有良好的导电性和导热性，在这方面银居首位。其导电率为 1.61μΩ · cm(25℃)，导热率为 433w/M · k(250℃)。

（3）银的熔化温度为 960.5℃，沸腾温度为 2200℃。

（4）银的相对密度为 $10.47\times10^3 kg/m^3$，莫氏硬度为 2.7。

银的化学性质

（1）银的化学性质介于金和铜之间。银与氧不直接化合。在熔融状态下，一个体积的银几乎能溶解相当其自身体积20倍的氧。

（2）银在加热的条件下很容易与硫发生作用，生成硫化银 Ag_2S。银与硫化氢作用，在银的表面生成黑色硫化银薄膜。这个过程在室温条件下也能进行，这就是银制品逐渐变黑的原因。

（3）银和金、铜一样，能与单体氯、溴、碘发生反应，生成的卤化物，甚至在常温下，这个过程也能进行，如有水分、加热等条件则反应速度将明显加快。

（4）在水溶液中银的标准电极电势值为正：

$$Ag = Ag^+ + e \qquad \varphi_0 = +0.799V$$

因此，银和金一样，在酸溶液中不能放出氢，在碱溶液中也是稳定的。然而银和金不同之点就是它能溶解于含氧酸中，例：硝酸和浓硫酸等。

（5）在有氧的条件下，能与碱金属氰化物水溶液作用生成可溶性的氰化银络离子是氰化法提金的理论基础。在绝大多数情况下，银的氧化态为+1价。银溶解在氰根的化学反应式为：

$$4Ag + 8CN^- + O_2 + 2H_2O = 4Ag(CN)_2^- + 4OH^-$$

（6）银离子能与许多 CN^-、$S_2O_3^{2-}$、SO_3^{2-} 或分子 NH_3、$CS(NH_2)_2$ 等生成稳定的络合物。

2.1.3　铂族元素矿石和矿床

人们起初认识铂族金属是作为银的杂质而被称为不受欢迎的成分。随着铂族金属各种优良性能的发现和应用，铂族金属越来越受到人们的重视。铂族金属的选矿富集是获得该类金属的主要手段。铂族金属选矿就是从含铂族金属的矿石中分离富集铂族金属的过程。铂族金属在地壳中的含量比金、银的含量更加分散，独立的铂族金属矿床很少，这就给铂族金属的开采和选矿带来困难。

贵金属主要资源国为南非和俄罗斯，其他有加拿大、美国、哥伦比亚。中国查明的资源储量排名第6位，较前5个国家储量比较是相当少量的。可见，中国铂族金属储量是相当匮乏的。

中国铂族金属矿产资源主要分布在甘肃省，其次为云南、四川、河北、新疆、内蒙古、青海、陕西、河南、西藏、吉林、黑龙江。甘肃省金川白家嘴子铜镍矿中伴生铂族金属查明资源储量168.488t，占全国的48.6%；云南省弥渡金宝铂钯矿铂族金属查明48.802t，占全国储量的14.1%；四川省丹巴杨柳坪镍铂共生矿查明资源储量42.510t，占全国储量的12.3%。

中国的铂族金属资源是以铂、钯为主，各金属储量占有比例：铂54.6%、钯39.4%、铑1.0%、铱1.9%、钌1.6%、锇1.5%；中国的铂族金属矿产资源95%以上的储量产于基性、超基性岩带有关的铜镍硫化物型铂族元素矿床中，其余产于铬铁矿型、钒钛磁铁矿型、镍钼（钒）型和砂铂矿型的铂族元素矿床。

铂族元素的物理化学性质：

铂族元素为白色-银白色的金属元素，它们之间的性质很相近，因而将其分离提纯的工艺复杂，比较困难。贵金属的一个共同特性是化学稳定性。致密状的钌、锇、铑、铱对酸的稳定性特别高，不仅不溶于普通酸，甚至不溶于王水，仅铂和钯能溶于王水。钯是铂族金属中最活泼的一个，可溶于浓硝酸和热硫酸。

2.2 贵金属的主要矿物

2.2.1 金的主要矿物

20世纪末，国内外已发现的金矿物共约99种。中国已发现的金矿物种约38种，包括亚种和变种共约52种，岩金中的金矿物约42种，砂金中的金矿物约10种。在这近百种金矿物中常见仅40多种，有工业价值矿物的仅有10多种，有自然金、银金矿、金银矿及其变种、碲金矿、碲金银矿、铋碲金矿、黑铋金矿、钯金矿及铑金矿等。

2.2.2 银的主要矿物

由于银具有亲铜和亲铁的性质，故银在地质作用过程中形成种类繁多的矿物。现已发现的银矿物有60多种，主要的有以下几类；

(1) 自然银的合金及自然银。

(2) 银的硫化矿：其中有辉银矿（Ag_2S），辉银铜矿（$AgCuS$），深红银矿（Ag_3SbS_3），浅红银矿（Ag_3AsS_3），辉锑银矿（$AgSbS_2$）等。

(3) 锑化物和砷化物矿石：锑银矿（Ag_3Sb），砷锑银矿、砷铜银矿等。

(4) 碲化物和硒化物矿石：碲银矿（Ag_2Te），硒银矿（Ag_2Se），碲金银矿（Ag_3AuTe_2）等。

(5) 卤化物和硫酸盐矿石：角银矿（$AgCl$），溴银矿（$AgBr$），碘银矿（AgI），辉银铁矾矿（$AgFe_3(OH)_6(SO_4)_2$）等。

上述矿物具有工业价值的有：自然银、自然金-银合金、深红银矿、辉银矿和角银矿等，其他银矿物很少。此外，有色金属硫化矿主要有：方铅矿（PbS）、黝铜矿等。

2.2.3 铂族元素主要矿物

目前已发现200余种铂族金属矿物，可分三类：

(1) 自然金属及金属互化物：自然铂、钯铂矿、锇铱矿、钌锇铱矿以及铂族金属与铁、镍、铜、金、银、铅、锡等以金属结合的金属互化物。

(2) 半金属互化物：铂、钯、铱、锇等与铋、碲、硒、锑等形成的化合物。

(3) 硫化物与砷化物。

工业矿物主要有砷铂矿、自然铂、碲钯矿、砷铂锇矿、碲钯铱矿及铋碲钯镍矿等。

2.3 贵金属的主要用途

贵金属的优良特性在众多领域中被广泛应用。随着科学技术的迅速发展，贵金属在许多尖端科技产业中应用日益广泛。因此，近年来贵金属被誉为“现代工业的维生素”和“现代新金属”。

2.3.1 金和银的主要用途

（1）金和银是人类最早作为货币使用的金属之一。“金银天然不是货币，但货币天然是金、银”。金的主要用途是作为货币储备。目前世界各国官方银行中金的总储备量达45000 吨左右。

（2）金和银是制造首饰、工艺美术制品及纪念章币的最重要原料，具有很高的艺术价值和收藏价值。

（3）由于金具有良好的导电性、耐蚀性和加工性，在现代电子工业、航天、航空及通讯、医学、光学等方面获得广泛应用。

（4）银具有极良好的导电性和导热性。因此，银作为电器，电子的材料被广泛的应用。银在制造火箭燃烧器中作为合金的添加剂使用，极大地改善了高温合金的耐热性能和强度。

（5）由于银的化合物，主要是银的溴化物具有感光快，成像能力强，因此，成为摄影业必不可少的感光材料。

2.3.2 铂族金属的主要用途

（1）铂的用途：铂作为一种价格超过黄金的贵金属，由于具有许多优良特性，其用途十分广泛。用于工业、珠宝首饰业、投资和科学技术领域；用于汽车制造、化工、石油、光学材料、电子、航空等行业；用于医疗事业领域，如用于制作抗癌药物、牙科修复材料、人体内种植材料和人工脏器材料等。

（2）钯的用途：钯是航天航空、航海、兵器和核能等高科技领域以及制造业不可缺少的关键材料，也是国际贵金属投资市场上的不容忽略的投资品种；氯化钯用于电镀，可作电镀层，在电子电器工业上应用；在玻璃工业上，钯金属不会使熔化的玻璃着色，可作为制造光学玻璃的容器内衬；钯在化学中主要做催化剂；钯与钌、铱、银、金、铜等熔成合金，可提高钯的电阻率、硬度和强度。

（3）铑的用途：铑可用来制造加氢催化剂、热电偶、铂铑合金等，也常镀在探照灯和反射镜上。

（4）铱的用途：多用于制造科学仪器、热电偶、电阻线以及钢笔尖等；做合金用，纯铱专门用在飞机火花塞中，增强硬度和抗腐蚀性。

（5）锇的用途：制造高硬度合金；在外科手术中，大量使用“种植材料”置于人体内，锇是制造“种植材料”必不可少的微量元素。

（6）钌的用途：钌广泛用于铂钯合金的硬化剂；钌合金用于机械式电位计的绕阻材料，广泛用于工业测量的控制技术中；钌还是人工心脏起搏器核电池的密封材料。

复习思考题

2-1 金、银具有工业回收价值矿物有哪些？

2-2 简述贵金属的主要用途。

第2篇　贵金属选矿

选矿是利用矿物之间物理、化学性质或物理化学性质的差异，有选择地富集一种或几种矿物，进而实现目标矿物与其他矿物的分离。选矿学有重选、磁选、电选、浮选以及化学选矿、微生物选矿等。贵金属的选矿可分为金银选矿和铂族金属选矿。从含金、银的矿石中分离富集金、银矿物的过程称为金银选矿。

贵金属矿石的加工处理过程包括：

（1）矿石准备作业：破碎、筛分、预选、磨矿分级；

（2）选冶工艺的选择：将重选、磁选、浮选、氰化浸出（炭浆、锌置换）、硫脲等多种工艺对比选择合适的流程；

（3）选矿产品的处理：脱水、干燥等；

（4）冶炼提纯。

3　金银提取前的矿石加工

3.1　从矿石中提取金银的原则流程

3.1.1　自然金（砂金）

自然金（砂金）的主要组分为 Au、AuAg；提取的原则流程有：重选。

3.1.2　自然金（脉金）

自然金（脉金）的主要组分为 Au、AuAg；提取的原则流程有：

（1）重选；

（2）重选-氰化；

（3）浮选-氰化；

（4）全泥氰化。

3.1.3　铜金矿

铜金矿的主要组分为 Au、Cu_2S；提取的原则流程有：

（1）浮选，铜精矿送冶炼厂，尾矿氰化；
（2）混合浮选，精矿送铜冶炼厂，尾矿氰化。

3.1.4　碲金矿

碲金矿的主要组分为Au、Au_2Te；提取的原则流程有：
（1）混合浮选：精矿加氯氧化后氰化，尾矿氰化；
（2）金浮选，精矿氧化焙烧后再氰化。

3.1.5　含金黄铁矿

含金黄铁矿的主要组分为Au、FeS_2；提取的原则流程有：
（1）浮选，精矿送冶炼厂；
（2）浮选，精矿氧化焙烧后再磨矿氰化。

3.1.6　含金磁黄铁矿

含金磁黄铁矿的主要组分为Au、FeS_{1-x}；提取的原则流程：
（1）矿浆加石灰充气后氰化；
（2）磁选，磁精焙烧后再磨氰化，磁尾氰化。

3.1.7　含砷金矿

含砷金矿的主要组分为Au、FeAsS；提取的原则流程：
（1）浮选，精矿焙烧后氰化；
（2）浮选，精矿加压氧化氰化；
（3）精矿或原矿生物氧化后氰化。

3.1.8　含金碳质矿石

含金碳质矿石的主要组分为Au、C；提取的原则流程有：
（1）化学法氧化后氰化；
（2）加煤油抑制石墨后氰化；
（3）浮选，焙烧后氰化。

3.2　矿石准备

3.2.1　破碎与磨矿

破碎是用力使大块物料碎裂为小块的过程，而磨矿是将破碎后的小块矿石的粒度进一步变小，使目标矿物与脉石单体解离。破碎与磨矿的目的是为后续作业提供适合工艺粒度要求的原料。

在实际生产中，把破碎作业细分为粗碎、中碎和细碎，把磨矿作业细分为粗磨和细磨，具体分段情况见表3-1。

表 3-1 破碎与磨矿作业的分段情况

作业名称		给料最大粒度/mm	产物最大粒度/mm
破碎	粗碎	1500~300	350~100
	中碎	350~100	100~40
	细碎	100~40	40~10
磨矿	粗磨	30~10	1.0~0.3
	细磨	1.0~0.3	<0.1

3.2.2 物料的机械强度

物料的机械强度是指它单位面积上所能承受的外力，是物料抗破坏能力的一个重要指标，通常包括在静载荷条件下测得的抗压强度、抗拉强度、抗剪强度和抗弯强度，它们大小顺序为：

抗压强度>抗剪强度>抗弯强度>抗拉强度

在生产实践中，根据物料的机械强度的大小将其分为硬、中硬、软 3 级或很硬、硬、中硬、软及很软 5 级。为了定量地表示物料的机械强度对破碎过程的影响，在实际工作中引用了物料的可碎性系数和可磨性系数来反映物料的可碎性、可磨性强弱，选矿上通常用如下式子来表示：

$$\text{可碎性系数}=\frac{\text{破碎机在同样条件下破碎指定物料的生产率}}{\text{该破碎机破碎中硬物料的生产率}}$$

$$\text{可碎性系数}=\frac{\text{磨矿机在同样条件下磨细指定物料的生产率}}{\text{该磨矿机磨细中硬物料的生产率}}$$

3.2.3 破碎设备及破碎流程

破碎机是将大块物料变成小块物料的设备，是在工业中广泛使用的一种设备，根据工作原理、技术特性和结构，破碎机分为以下几种类型：

（1）摆动式破碎机：颚式破碎机；

（2）旋摆式破碎机：旋回破碎机、圆锥破碎机、双腔旋转破碎机；

（3）辊式破碎机：对辊破碎机、高压辊破碎机；

（4）冲击作用破碎机：锤式破碎机、反击式破碎机、笼形破碎机。

破碎机和筛分机的不同组合就构成了各种各样的破碎流程。根据选矿厂处理物料的规模、处理物料的最大粒度以及破碎产品的粒度要求，可选取的破碎筛分流程有：一段开路破碎流程、一段闭路破碎流程、两段开路破碎流程、两段一闭路破碎流程、三段开路破碎流程、三段一闭路破碎流程等。

3.2.4 磨矿设备及磨矿流程

磨矿作业是生产工艺过程中一个重要中间环节，磨矿产品质量如粒度分布、有用矿物单体解离度等对选矿指标有很大的影响。磨矿作业一般包括磨矿和分级。磨矿机分类如下：

（1）按磨机介质分：棒磨机、球磨机、自磨机、砾磨机；

（2）按磨机结构特性分：卧式圆筒型和立式圆筒型；

（3）按排矿方式分：溢流型、格子型和周边排矿型；

（4）按磨矿产品粒度分：普通型和超细磨机。

磨矿流程是指被磨物料流经连续磨矿作业及其辅助作业的程序。由于物料在磨机中受冲击、研磨的随机性，磨矿产品的粒度是不均匀的，需要辅助设备分级机进行粒度分级。因此，磨矿流程可分为开路磨矿流程和闭路磨矿流程。开路磨矿的磨矿产品直接进入下道工序，不需要再返回磨机；而闭路磨矿的产品经分级后，粗粒产品返回磨机再磨，合格产品进入下道工序。

磨矿流程的选择需要根据选矿厂规模、矿石性质、产品要求、分选作业要求及磨矿试验等综合技术经济考虑后来确定。贵金属选矿厂常用的磨矿流程有：单段棒磨流程、单段球磨流程、两段连续磨矿流程。

3.2.5　破碎与磨矿能耗

一般选矿厂的能耗中：破碎占8%~10%；磨矿占45%~55%，其中电耗、钢球、衬板费又占磨矿费用的90%。可见采用“多碎少磨”的碎矿制度尤为重要。

复习思考题

3-1　贵金属矿石的加工处理过程有哪些？

3-2　含不同杂质的金矿石提取的原则流程有哪些？

3-3　破碎流程和磨矿流程是怎么选取的？

4 贵金属重力选矿

4.1 重力选矿原理

重力选矿是根据矿物颗粒的密度（ρ）和粒度（d）的差异，在流体介质中进行矿物分选的选矿方法。经过重力选矿得到的重产物为精矿，轻产物为尾矿。在分选过程中选用合适的流体介质是非常必要的，一般重选介质有空气、水、重液或重悬浮液等，其中应用最多流体介质是水。矿粒在浮力和阻力的作用下在介质中运动，不同密度和粒度的颗粒具有不同的运动速度和轨迹，从而达到分离的目的。

在选别过程中介质运动形式有：等速的上升运动、沿斜面的稳定流动、垂直的或沿斜面的非稳定流动、回转运动等。根据介质的运动形式和作业目的不同，重力选矿工艺可分为：洗矿、分级、重介质选矿、跳汰选矿、摇床选矿、溜槽选矿和离心选矿等。

重选法不消耗药剂，环境污染小，设备结构简单，处理粗、中粒矿石时处理能力大，能耗低。在黄金矿山中得到广泛运用，尤其是砂金选矿离不开重选。脉金矿山采用重选法主要回收单体分离的粗粒金。

4.2 重力选矿难易程度判定

矿石用重选法处理矿物的难易程度可用下列可选性准则 E 进行判断：

$$E = \frac{\delta_2 - \rho}{\delta_1 - \rho}$$

式中 δ_1，δ_2，ρ——分别为轻矿物、重矿物和介质的密度，kg/m^3。

从上式可见，矿石重选的难易性主要取决于轻、重矿物的密度差，但介质的密度愈高分选愈容易进行。按 E 值的不同，将矿石重选的难易性分成表 4-1 所示的几个等级。

表 4-1 矿物按密度分选的难易程度

E 值	$E>2.5$	$2.5>E>1.75$	$1.75>E>1.5$	$1.5>E>1.25$	$E<1.25$
难易度	极容易	容易	中等	困难	极困难

4.3 贵金属重选常用设备

目前，国内外利用重选法回收贵金属的常用设备有跳汰机、溜槽、摇床、离心选矿机、尼尔森选矿机等。贵金属矿山主要重选设备的应用特点及分选粒度范围见表 4-2。

表4-2　贵金属矿山主要重选设备的应用特点及分选范围

设备类型	设备名称		分选粒度/mm			应用特点
			常规	最大	最小	
粗粒重选设备	罗斯溜槽		<100	150	3	处理量大，入选粒度粗，金属回收率低
中粒重选设备	跳汰机	侧动隔膜矩形跳汰机	0.1~12	18	0.074	处理量大，富集比高，可用于粗选及精选作业
		旁动隔膜跳汰机	0.1~12	18	0.074	
		圆形跳汰机	0.1~12	18	0.074	
		下动圆锥跳汰机	0.1~6	20	0.074	
		梯形跳汰机	0.074~5	10	0.037	
砂矿重选设备	摇床	矿砂摇床	0.074~2	3	0.02	处理量小，富集比高，多用于精选作业
		矿泥摇床	<0.074	1	0.03	
	螺旋选矿机		0.1~2	3	0.074	处理量小，省水电，结构简单，富集比低，用于粗选作业
	螺旋溜槽		0.05~0.6	1.5	0.037	
	扇形溜槽		0.074~1.5	2	0.037	
矿泥重选设备	离心选矿机		0.01~0.074	—	—	处理量大，富集比低，用于矿泥粗选作业
	各种皮带溜槽		0.01~0.074	—	—	处理量小，富集比高，用于矿泥精选作业

4.3.1　跳汰选矿

跳汰机分选是在周期性变化的垂直运动介质流的作用下，将矿粒群按不同密度的分层并实现分离的一种重选方法。跳汰选矿处理中、粗粒矿石较有效，操作简便、处理量大，在生产中使用广泛。

跳汰机设备类型很多，目前在贵金属矿山应用的主要有双室隔膜跳汰机、梯形跳汰机和圆形跳汰机等。

跳汰机操作的主要工艺条件有：

（1）冲程和冲次。冲程是指跳汰室中水流的脉动幅度、隔膜或活塞的行程，冲次是指水流的脉动频率。床层厚、处理量大时，应增大冲程，相应地降低冲次；处理粗粒级物料时，采用大冲程、低冲次，而处理细粒级物料时则采用小冲程、高冲次。

（2）水量。给矿水和筛下补加水之和为跳汰分选的总耗水量。给料中固体质量分数一般为30%~50%。

（3）床层厚度和人工床层。跳汰机内的床层厚度（包括人工床层）是指筛板到溢流堰的高度。适宜的跳汰床层厚度由采用的跳汰机类型、给料组分的密度差和粒度等因素来决定。用隔膜跳汰机处理中等粒度或细粒物料时，床层总厚度不应小于给料最大粒度的5~10倍，一般在120~130mm之间。处理粗粒物料时，床层厚度可达500mm。

人工床层是控制透筛排料速度和排出的高密度产物质量的主要手段。人工床层的物料粒度就为筛孔尺寸的2~3倍，分选细粒物料时，人工床层的铺设厚度一般为10~50mm。

（4）给料性质及给料量。跳汰机的处理能力与给料性质密切相关。当处理粗料、易选物料，且对高密度产物的质量要求不高时，给料量可大些，反之则就小些。

4.3.2　溜槽选矿

借助于在斜槽中流动的水流进行选矿的方法称为溜槽选矿。根据处理物料的粒度的大小，溜槽分为粗粒溜槽和细粒溜槽。粗粒溜槽用于处理粒度为2~3mm以上的物料，细粒溜槽用于处理粒度<2mm的物料，其中用于处理粒度为0.074~2mm物料的又称为矿砂溜槽，用于处理粒度<0.074mm物料的又称为矿泥溜槽。

溜槽结构简单，生产费用低，操作简便，因此特别适合于处理高密度组分含量较低的物料。

4.3.3　离心选矿机

离心选矿机是借助于离心力在水流中分选细粒物料的设备。离心选矿机主要有离心盘选矿机、水套式离心选矿机、法尔肯离心选矿机、尼尔森离心选矿机等。

离心盘选矿机实际上是立轴式离心选矿机，主要用于分选砂金矿。特点是精矿产率小、富集比高、用水量小，对颗粒金回收效果较好。

水套式离心选矿机对选别岩金矿石中的单体金极为有效，可代替汞板。

尼尔森选矿机是一种高效的离心重选设备，有间断排矿型和连续可变排矿两大类，适用于从矿石或其他固体物料中回收单体解离的金、铂等贵金属矿物，已成为金矿石选矿厂和有色金属伴生贵金属矿石选矿厂中贵金属的主要回收设备之一。

4.3.4　摇床选矿

摇床处理金属矿石的有效选别粒度范围0.02~3mm。按处理物料的粒度，可将摇床分为处理物料粒度大于0.5mm的粗砂摇床、处理物料粒度0.074~0.5mm的细砂摇床、处理物料粒度小于0.074mm的矿泥摇床。

摇床的优点是分选精度高、富集比高，并且物料在床面上分带明显、直观，便于及时调节参数；缺点是占地面积大，处理能力低。因此，砂金矿的粗精矿一般用摇床进行精选。

摇床按照机械结构可分为6-S摇床、云锡式摇床、弹簧摇床、悬挂式多层摇床等。

4.4　重选设备在黄金矿山中的应用

4.4.1　重选设备在国外黄金矿山的应用

国外Dome金矿，处理能力3000t/d，采用重选-氰化工艺流程，第一段磨矿采用3200×6100mm棒磨机；分级采用Φ500水力旋流器，溢流到氰化，底流进入丹弗双室跳汰机；跳汰精矿给入摇床精选，获得重选精矿去冶炼，重选尾矿旋流器分级底流给入二段磨矿，与第一旋流器构成闭路，见图4-1。此流程设置第一段旋流器预先分级不仅减轻了跳汰机的负荷，而且也节省了重选设备。

国外Camchib金铜矿选矿厂为了减小分级机回路的循环负荷，采用尖缩溜槽粗选处理球磨机排矿，粗精矿金回收率10%~20%，金富集比为2，尖缩溜槽尾矿进入分级机；粗精矿用尼尔森离心选矿机进行两段精选，获得含金 5%～10% 的精矿，再用摇床精选至 65%左右品位去冶炼，选矿流程见图 4-2。

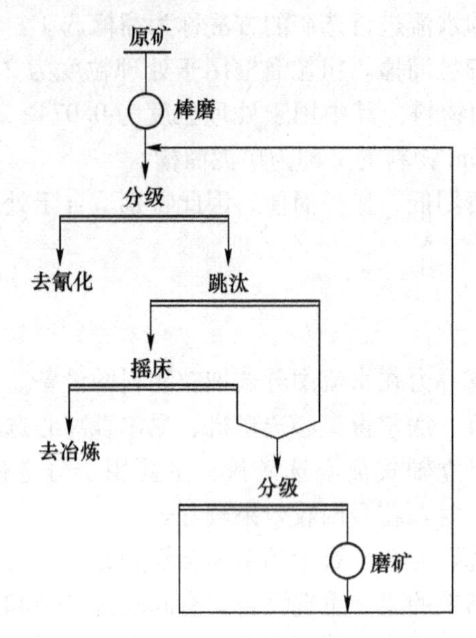

图 4-1　国外 Dome 金矿重选工艺流程

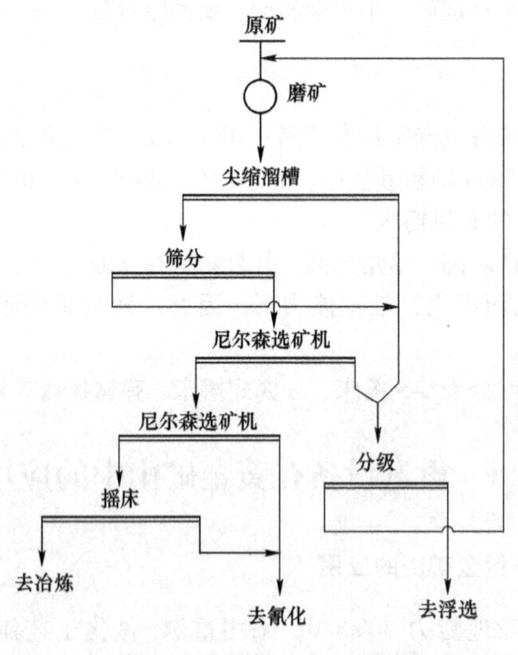

图 4-2　国外 Camchib 金铜矿选矿厂重选工艺流程

4.4.2　重选设备在国内黄金矿山的应用

我国广西壮族自治区某金矿，在磨矿分级回路中采用重选设备回收粗粒金，并取得了较好的技术指标，其选矿工艺流程见图 4-3；山东省某金矿采用跳汰机粗选的重选工艺流程见图 4-4。

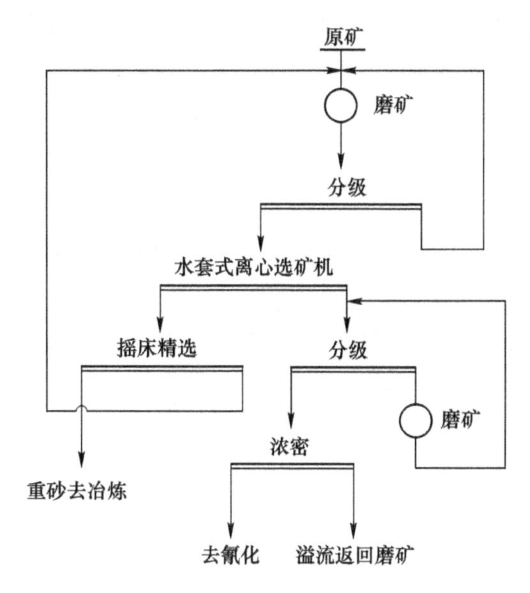

图 4-3 广西壮族自治区某金矿重选工艺流程

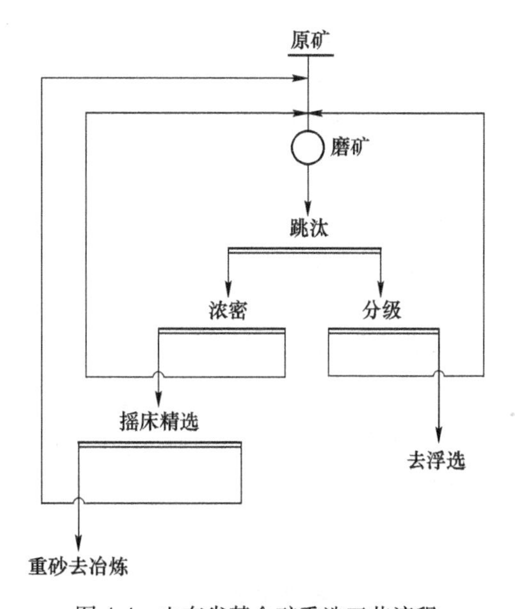

图 4-4 山东省某金矿重选工艺流程

重选在岩金选矿作业中，作为其他选矿方法的预选作业，已经引起极大重视，尤其是那些简单、可靠的重选设备，在适当选择合理使用的条件下，充分显示出了其巨大作用。

4.4.3 重选设备在处理砂铂矿的应用

砂铂矿主要由沉积或冲积而成，其中的铂矿物主要呈游离状态或合金状态存在，铂族金属品位为0.3~10g/t，矿床储量不大，主要用采砂船开采。用重选法得到精矿之后，用湿法或混汞法精炼。

某国外砂铂矿的选矿工艺流程见图4-5。砂铂矿经过旋转圆筒筛、溜槽和跳汰机选矿，得到的粗精矿含粗铂、部分金以及相当数量磁铁矿、铬铁矿及钛铁矿，通过摇床精选，产出含铂族金属达 9%的精矿，其中含 4%~30%的铱，精矿最后送冶炼厂精炼。该矿的采砂船每日处理矿砂 3800m³，全年工作 200d，可生产出粗铂 466kg。

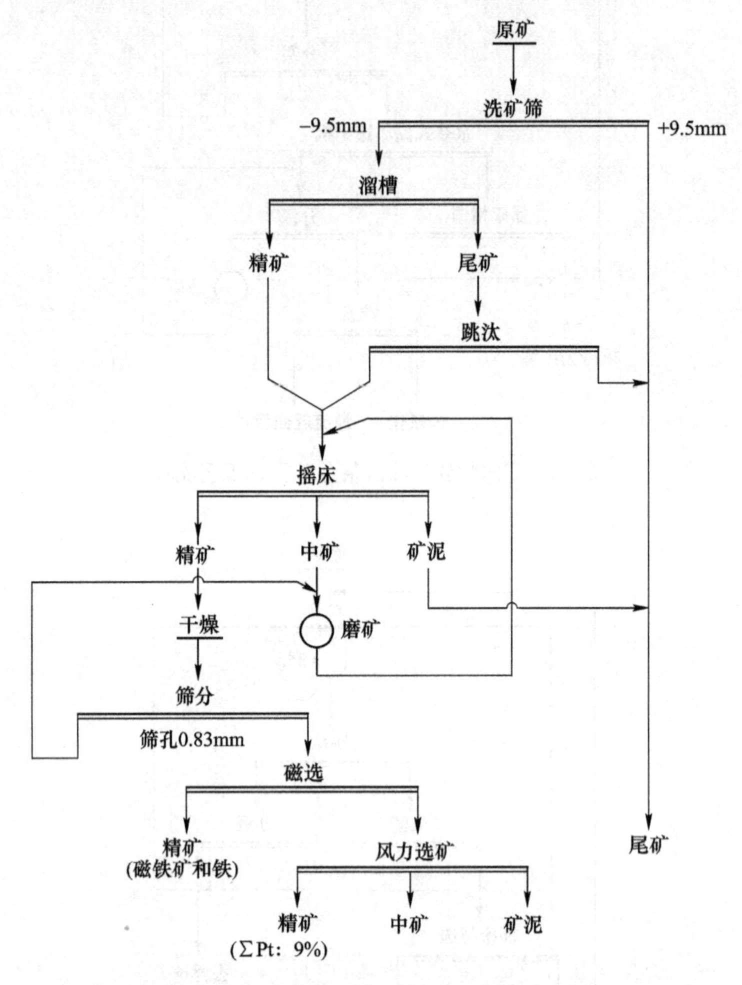

图 4-5　某国外砂铂矿的选矿工艺流程

复习思考题

4-1　怎么确定物料能否采用重选分离?

4-2　简述重选设备在黄金矿山中的应用。

4-3　重选设备在处理砂铂矿的应用。

5 贵金属的浮选

5.1 浮选概念及原理

5.1.1 浮选概念

浮选是浮游选矿的简称，是利用各种矿物颗粒表面物理化学性质的差异，从水的悬浮体即矿浆中浮出某种矿物的选矿方法。

5.1.2 浮选原理

浮选时，将粒度和浓度适宜的矿浆经各种浮选药剂作用后，在浮选设备中进行搅拌和充气，在矿浆中产生大量的弥散气泡，悬浮状态的矿物颗粒与气泡碰撞，可浮性好的矿物附着在气泡上，并随气泡一起浮到矿浆表面形成矿化泡沫层，矿化泡沫层从矿浆中分离出来形成浮选产品，而可浮性差的矿物滞留在矿浆中，使矿物得到分离。

由于贵金属自身的特点，决定着不同于其他矿物的浮选流程。大多数贵金属在自然界中是以细粒浸染状态存在，要使贵金属颗粒达到单体解离，矿石必须要细磨。由于贵金属的密度大，在浮选过程中，金粒与气泡接触后易从气泡表面脱落。

5.2 贵金属浮选药剂

浮选药剂根据用途可分为捕收剂、调整剂、起泡剂，而调整剂又可分为活化剂、抑制剂和介质调整剂。

5.2.1 捕收剂

捕收剂是能选择性作用于矿物表面疏水的有机化合物，容易附着在气泡表面，从而增加其可浮性。常用选金捕收剂黄药和黑药等，是自然金和硫化物的有效捕收剂。油类捕收剂可用煤油、变压器油作为辅助捕收剂。油酸也可作为金铜氧化矿的捕收剂。

黄药的学名黄原酸盐，为烃基二硫代碳酸盐，通式为 R-OCSSNa。烃链较长的黄药又称为高级黄药。黄药主要用做自然金属（自然金、自然铜等）、有色金属硫化矿及经过硫化后的有色金属氧化矿的捕收剂。浮选金银硫化矿石时，一般黄药用量为 50~150g/t。

黑药化学名称为烃基二硫代磷酸盐，通式为$(RO)_2PSSH$，是磷酸盐的衍生物。常用黑药为丁基铵黑药。丁基铵黑药呈白色粉末状，易溶于水，潮解后变黑，有一定的起泡性，适用于铜、铅、锌、镍等金属的硫化物矿物的浮选。在弱碱性矿浆中对黄铁矿和磁黄铁矿的捕收能力较弱，对方铅矿的捕收能力较强。

5.2.2　起泡剂

起泡剂是异极性有机物质，其分子由极性亲水基和非极性疏水基两部分组成。极性亲水基使起泡剂分子在空气与水的界面上产生定向排列，而非极性基疏水亲气，朝向气泡内部，形成两相气泡。

选金银矿常用的起泡剂有2号油、松油。

2号油是以松节油为原料，经水解反应制得的。2号油的起泡能力强，能生成大小均匀、黏度中等和稳定性合适的气泡，是我国应用最广泛的一种起泡剂。一般用量为20~150g/t左右。

松油又称松树油，是松树的根或枝干经过干馏或蒸馏制得的油状物，是浮选中应用较广的天然起泡剂。由于松油的黏度较大，来源有限，逐渐被人工合成的起泡剂所代替。

5.2.3　调整剂

调整剂是控制颗粒与捕收剂作用的一种辅助药剂，浮选过程通常都在捕收剂和调整剂的适当配合下进行，尤其是对于复杂多金属矿石或难选物料，选择调整剂常常是获得良好分选指标的关键。按照在浮选过程中的作用可分抑制剂、活化剂和介质调整剂。

选金常见的抑制剂：石灰、硅酸钠、氟硅酸钠、糊精、淀粉等；

选金常用活化剂：无机酸、碱类、硫酸铜、硝酸铅、硫化钠等；

介质调整剂：主要用于调整矿浆的pH值，调整其他药剂的作用强度，消除有害离子的影响及调整矿泥的分散和絮凝。

常用的酸性调整剂有硫酸、盐酸和氢氟酸；常用的碱性调整剂有石灰、碳酸钠、氢氧化钠和硫化钠等；常用的矿泥分散剂有水玻璃、氢氧化钠、六聚偏磷酸钠、焦磷酸钠、聚丙烯酰胺等；常用的矿泥团聚有石灰、碳酸钠、硫酸亚铁、氯化铁、硫酸钙、明矾等。

5.3　贵金属浮选常见工艺流程

5.3.1　单一浮选工艺流程

单一浮选流程适于处理金粒度细、可浮性好的硫化物含金或其他贵金属石英脉矿石。通过浮选把多金属硫化物及贵金属富集到精矿中，丢弃尾矿，含贵金属的精矿经冶炼厂冶炼分离。

5.3.2　浮选-浮选精矿氰化工艺流程

浮选-浮选精矿氰化工艺流程适于处理贵金属（主要是金）与硫化物共生关系密切的石英脉矿石。通过浮选丢弃大量的尾矿，浮选精矿进行氰化。与全泥氰化相比，不需将全部矿石磨细，降低选矿成本。

5.3.3　磨矿回路中浮选工艺流程

在磨矿回路中加入浮选作业，这样的浮选也称闪速浮选。此工艺流程一方面可以提高选矿厂的处理能力，另一方面提前回收了磨矿回路中的粗粒金，减少了矿物过磨。

5.3.4 浮选-精矿焙烧-焙砂氰化工艺流程

浮选-精矿焙烧-焙砂氰化工艺流程适于处理含有砷、锑、碳以及硫化物含量高的矿石，通过焙烧将影响氰化的砷、锑和碳等元素除去。

5.3.5 浮选-浮选尾矿或中矿氰化-浮选精矿焙烧-焙砂氰化工艺流程

此工艺流程在处理含有碲-金、砷-金和铜-金等硫化物石英脉矿石时，将对氰化有害的碲金-硫化物浮出，精矿进行焙烧处理，尾矿直接氰化。

5.3.6 原矿氰化-氰化尾矿浮选

通过氰化法不能完全回收矿石中与硫化物共生的贵金属时，可对氰化后的尾矿进行浮选，可提高贵金属的回收率。氰化法是将单体解离的金浸出提取，而浮选是将与金伴生紧密嵌布的矿物浮选出来。

5.4 浮选设备

浮选设备主要有浮选机、搅拌槽及给药机等。浮选机是实现颗粒与气泡的选择性黏着、进行分离、完成浮选过程的关键性设备，而搅拌槽及给药剂则是浮选过程的辅助设备。

5.4.1 浮选设备的基本要求

（1）浮选设备工作可靠，具有生产能力强、能耗低、耐磨、构造简单、易于维修等特点；

（2）具有良好的充气性能；

（3）具有足够的搅拌强度；

（4）使气泡能形成稳定的泡沫区；

（5）保证连续工作，同时也便于调节和控制。

5.4.2 浮选的分类

按充气的搅拌的方式不同，可将浮选机分自吸气式机械搅拌浮选机、充气式机械搅拌浮选机、气升式浮选机、减压式浮选机 4 种基本类型。

（1）自吸气式机械搅拌浮选机。自吸气式机械搅拌浮选机是矿浆的充气和搅拌均靠机械搅拌来实现的。常用的浮选设备有 XJK 型、JJF 型、BF 型、GF 型、TJF 型浮选机以及维姆科浮选机等。

（2）充气式机械搅拌浮选机。充气式机械搅拌浮选机既要外加充气又要进行机械搅拌，机械搅拌部分只起搅拌矿浆和分散空气的功能，没有自吸空气和自吸矿浆的能力。常用的浮选设备有 XCF 型系列浮选机、KYF 型系列浮选机、美卓的 RCS 浮选机等。

（3）气升式浮选机。气升式浮选机没有机械搅拌器，也没有运转部件，矿浆的充气和搅拌是依靠外部铺设的风机压入空气来实现的。对于气升式浮选机而言，分散空气主要通过气动法、液压法、喷气法三种方法来实现。常用的浮选设备有 KYZ 型浮选柱、旋流-静态微泡浮选柱、XJM 型浮选柱、FXZ 系列静态浮选柱等。

（4）减压式浮选机。减压式浮选机是采用泵将矿浆通过导管以射流的形式输入到浮选机槽底，并在导管中形成负压区，将吸入的空气产生矿化气泡进行浮选的。常用设备有 XPM 型喷射旋流式浮选机、卡皮真空浮选机、詹姆森浮选槽等。

复习思考题

5-1　浮选金捕收剂、起泡剂及调整剂有哪些？

5-2　贵金属浮选常见工艺流程有哪些？

第3篇　金银冶金

6　混汞法提取金

由于汞对环境会造成污染，一些国家已经限制汞的使用，中国也已明令禁止采用混汞法提金。但是混汞法作为一种提金工艺，在本书中作如下简单的介绍。

6.1　混汞法的原理

当液态汞和金颗粒接触时，很快发生化合反应，生成 $AuHg_2$、Au_2Hg、Au_3Hg 三种化合物及金和汞的固溶体，使汞在金颗粒表面上铺展，并随后向金颗粒中扩散，形成汞膏。形成汞膏的过程叫汞齐化过程。

利用汞能在金颗粒表面上迅速铺展、捕获金颗粒的特点，使单体游离金从矿石中分离出来的方法称为混汞法。混汞法有内混汞法和外混汞法。

内混汞：在同一设备（球磨机等）内实施捕集和磨碎同时作业时称为内混汞法。

外混汞：捕集作业在磨机外的混汞板或不同结构的混汞机械中进行的称为外混汞法。

6.2　汞膏的处理

汞膏处理包括洗涤、压滤、蒸馏三个主要步骤。汞膏处理结果获得海绵金和回收汞，海绵金经熔炼后可为出售的金银合金。

（1）汞膏洗涤。从混汞设备收集的汞膏，须经洗涤以除去夹杂在其中的重砂、脉石及其他杂质。用水反复冲洗、揉搓，直到汞膏洁净为止。

（2）汞膏压滤。将多余的汞分离出来并获得浓缩的金汞膏。小规模生产多采用人工压滤，即把洗涤后的汞膏用滤布包紧，放入螺旋式汞膏压缩机，旋动手轮挤压汞膏，汞液透过滤布流出。压出汞液含有 0.1%~0.2%的金。

（3）汞膏蒸馏。压滤后汞膏仍含汞约 20%~50%，要除去这部分汞，必须用蒸馏的方法。小规模生产可用蒸馏罐进行蒸馏。将汞装入罐内然后密封，罐底加热，汞膏中汞便气化并沿铁管外逸。因铁管外包有冷却水套，汞气逐渐冷凝液化，流入水盆。汞膏蒸馏后得到海绵金，含有少量汞和杂质，含金60%~80%，或更高些，可熔铸金锭。

6.3 混汞作业的操作方法及注意事项

外混汞作业在操作中要掌握好给矿粒度与浓度、给矿流速、矿浆酸碱度、汞的补加、汞膏刮取及汞板“生病”的预防和处理等方面。

（1）给矿粒度与浓度：混汞的给矿粒度不宜过大，粒度过大不但金粒难于从矿石中解离出来，而且粗矿粒容易擦破汞板，造成汞与汞膏的流失。适宜的给矿粒度为0.42~3.0mm，适宜的给矿浓度为10%~25%。

（2）给矿流速：一般0.5~0.7m/s。

（3）矿浆酸碱度：一般控制矿浆pH值在8.0~8.5的碱性介质中进行。

（4）汞的补加：初次涂汞量为15~30g/m^2；隔6~12h开始加汞，添加量原则上为每吨矿石含金量的2~5倍。多则流失，少则捕收能力低。

（5）汞膏刮取：一般是每个作业班刮取汞膏一次。用硬橡胶刮取。汞膏不宜刮得很净，这样可以增强继续混汞的捕金能力。

（6）汞板“生病”的预防和处理：所谓汞板“生病”是指汞板上出现污斑或其他原因而使汞板的捕金能力减弱直到丧失的现象。汞板“生病”是由于混汞过程发生了不正常的化学反应，并妨碍了汞对金的捕集。其原因如下：

矿石中的硫化物与汞作用，使汞发生粉化，金属硫化物附着在汞板上，使汞板失去了捕金能力，特别是矿石中含有砷、锑、铋的硫化物，这种现象更为严重。消除这种现象的简单办法是加大石灰用量，有时pH值达12以上。矿浆中氧化剂的作用，使汞板生成红色或黄色斑痕，通过加大石灰用量也可削除这一现象。必要时加氯化铵、盐酸、氢氧化钠等。

复习思考题

6-1 简述内混汞法与外混汞法的区别。

6-2 简述汞膏处理的过程。

7 金银氰化浸出法

金、银氰化浸出法是矿石或选矿产品中的固体自然金、银在浸出剂（氰化钠、氰化钾）、氧化剂和碱的综合作用下，形成溶于水的金、银氰络合物的过程，即固相金、银转化为液相金、银的物相转化过程。

由于氰化法可从矿石、精矿、尾矿中选择性地浸金，具有对矿石类型适应性广、方法简单、成本低、回收率高等一系列优点，因而氰化法在黄金生产中得到了广泛应用，至今仍是提金的主要方法。

7.1 金银的氰化浸出理论

7.1.1 氰化物溶金、银的基础理论

氰化物能使金、银溶解，这个事实不容置疑，但溶解过程如何进行，主要有如下几种观点：

（1）埃尔斯纳（Elsner）的氧论。在1846年，埃尔斯纳研究了氧在氰化过程中的作用。埃氏认为金和银在氰化物溶液中的溶解方式类似，氧是必不可少的条件。通过实验确定金、银的氰化反应为一步反应：

$$4Au + 8KCN + O_2 + 2H_2O = 4KAu(CN)_2 + 4KOH$$

$$4Ag + 8KCN + O_2 + 2H_2O = 4KAg(CN)_2 + 4KOH$$

（2）波特兰德（Bodlander）的过氧化氢论。在1896年波特兰德提出了涉及过氧化氢的氰化浸出机理。波氏认为金在氰化物中溶解分两步进行，只是在反应中间有个产生H_2O_2的过程，其反应式如下：

$$2Au + 4KCN + O_2 + 2H_2O = 2KAu(CN)_2 + 2KOH + H_2O_2$$

$$2Au + 4KCN + H_2O_2 = 2KAu(CN)_2 + 2KOH$$

$$2Ag + 4KCN + O_2 + 2H_2O = 2KAg(CN)_2 + 2KOH + H_2O_2$$

$$2Ag + 4KCN + H_2O_2 = 2KAg(CN)_2 + 2KOH$$

（3）布恩斯特（Boonstra）的腐蚀论。在埃尔斯纳发现氧在金氰化过程中的必要作用以后差不多100年，布恩斯特发现，金在氰化物溶液中溶解与金属的腐蚀过程相似，在此过程中，溶解的氧被还原成H_2O_2或OH^-。后来汤普森（Thompson，1947年）等许多学者接受了布氏的观点，并得出结论，金在阳极溶解并释放出电子，电子又将溶解的氧在阴极还原成氢氧根（OH^-）。氰化物（CN^-）和氧（O_2）仍吸附于能斯特（Nerst）界面层内的金表面上。金溶解速度取决于氧或氰化物在界面的扩散速度。

$$O_2 + 2H_2O + 2e = H_2O_2 + 2OH^-$$

$$H_2O_2 + 2e = 2OH^-$$

$$Au - e = Au^+$$
$$Au^+ + CN^- = AuCN$$
$$AuCN + CN^- = Au(CN)_2^-$$

上述反应已被实验所证实。

7.1.2 浸出药剂

氰化浸出是矿石或选矿产品中的固体自然金在浸出剂、氧化剂和碱的综合作用下，浸出矿石中的金、银。

（1）浸出剂——氰化物。氰化物分为无机和有机氰化物两大类；有机氰化物（R-CN）有粗乳腈、纯乳腈等，尚没有得到广泛应用；无机氰化物有氰化钠、氰化钾、氰化钙、氰化铵等，氰化钠应用广泛。

氰化钠（NaCN）为白色立方晶粒或粉末。溶于水和液体氨，水溶液呈碱性，适于干燥避光处存放。氰化钠有剧毒，微量可置人于死地。遇酸产生 HCN 有毒气体；与氯酸盐或亚硝酸钠混合能发生爆炸。相对密度为 1.596，熔点为 563.7℃。

氰化钾（KCN）为白色等轴系块状或粉末，剧毒。特性相似于氰化钠，溶于水、乙醇，易潮解。相对密度为 1.52，熔点为 634.8℃。KCN 溶金能力较低，逐渐被 NaCN 代替。

（2）氧化剂。氰化浸出是电化学腐蚀过程，浸出剂在阳极区表面溶解 Au，生成 $Au(CN)_2^-$，氧化剂在阴极表面中和带负电的电子，可使反应继续。氧化剂起去极化作用。

常用的氧化剂为氧气，通过充入空气供给；其他氧化剂有 H_2O_2、溴化物等，也有去极化作用。

7.1.3 氰化浸金的热力学

金的氰化浸出属于电化学腐蚀过程，其原电池可标为：

$$CN^- | Au^+ \cdot Fe | O_2$$

液体　　固体　　气体

从电化学原理可知，该电池由 $CN^- | Au^+$ 的液固电极、$Au^+ \cdot Fe$ 的固体电极和 $Fe|O_2$ 的固气电极所组成。金氰化浸出的微电池反应如图 7-1 所示。

（1）矿石中自然金颗粒内部出现电位不平衡，有电子流动，从而在颗粒表面产生了带正电的阳极区和带负电的阴极区。

阳极区：结晶纯正的自然金表面部分，其金原子放出电子，以 Au^+ 状态存在，形成阳极区；

阴极区：结晶欠佳（有空穴或错位等）或含有杂质（以 Fe 的矿物为代表）的表面部分得到电子，从而带有负电，形成阴极区。

（2）阳极区表面的 Au^+ 吸引矿浆中的 CN^-，使 CN^- 向颗粒表面扩散并吸附，从而形成液固电极，进而产生阳极反应：

$$Au^+ + 2CN^- = Au(CN)_2^-$$

（3）带负电的阴极区吸引矿浆中的氧分子 O_2，使其向自然金颗粒表面扩散、吸附，同样会产生阴极反应。

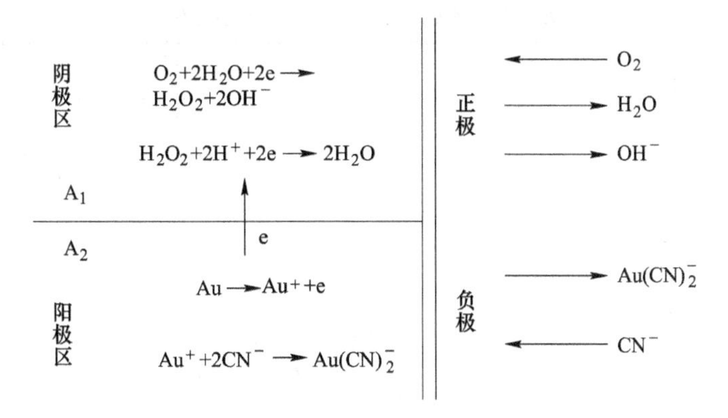

图 7-1 金氰化浸出的微电池反应

两极反应一旦产生，将使原电池的电动势迅速增加（阳极表面电位与阴极表面电位之差），固体电极内部电子流速加快，形成腐蚀电流 I。I 值的大小，标示浸出速度的高低。

氰化浸出的热力学方程（Nerst）：

①$Au^++e = Au \quad E_1 = 1.68+0.0591\lg\alpha_{Au^+}$

②$Au(CN)_2^- = Au^++2CN^- \quad pCN = 19.5+0.5\lg\dfrac{\alpha_{Au^+}}{\alpha_{Au(CN)_2^-}}$

③$Au(CN)_2^- = Au^++2CN^- \quad E_3 = -0.85+0.118pCN+0.059\lg\dfrac{\alpha_{Au^+}}{\alpha_{Au(CN)_2^-}}$

④ $O_2+2H_2O+2e = H_2O_2+2OH^-$

$E_4 = 0.68-0.06pH-0.03\lg\alpha_{H_2O_2}+0.03\lg p_{O_2} = 0.83-0.06pH$

$(\alpha_{H_2O_2} = 10^{-5}mol/L, \ p_{O_2} = 1atm(101.325kPa))$

⑤ $H_2O_2+2H^++2e = 2H_2O \quad E_5 = 1.77-0.0591pH+0.03\lg\alpha_{H_2O_2} = 1.62-0.0591pH$

⑥ $O_2+4H^++2e = 2H_2O$

$E_6 = 1.23-0.0561pH+0.01478\lg p_{O_2} = 1.23-0.0591pH \ (p_{O_2} = 1atm \ (101.325kPa))$

⑦ $2H^++2e = H_2 \quad E_7 = -0.06pH-0.03\lg p_{H_2} = -0.06pH \ (p_{H_2} = 1atm \ (101.325kPa))$

在矿浆中 $\alpha_{Au^+} = \alpha_{Au(CN)_2^-} = 10^{-5}mol/L$，由 $CN^-+H^+ = HCN$ 知，$K = \dfrac{\alpha_{HCN}}{\alpha_{H^+}\cdot\alpha_{CN^-}} = 10^{9.4}$，

则：$\alpha_{HCN} = 10^{9.4}\cdot\alpha_{H^+}\cdot\alpha_{CN^-}$，而$[CN^-]_{总} = \alpha_{HCN}+\alpha_{CN^-}$，代入得：

$$[CN^-]_{总} = 10^{9.4}\cdot\alpha_{H^+}\cdot\alpha_{CN^-}+\alpha_{CN^-} = 10^{9.4}\cdot\alpha_{H^+}\cdot\alpha_{CN^-}\left[1+\frac{1}{(10^{9.4}\cdot\alpha_{H^+})}\right]$$

则：$pCN = 9.4-pH-\lg[CN^-]_{总}+\lg(1+10^{pH-9.4})$。

从 pCN 和 pH 值的换算式中可知，当矿浆中加入一定数量的氰化物后（即 $\lg[CN^-]_{总}$ 一定时），改变矿浆的 pH 值，可变更 pCN 的数值，控制浸出溶液中的 CN^- 数量，实际上控制了浸出过程。pH 值和 pCN 值之间的对换值可从表 7-1 查出，可计算出各电极反应的电位值。用 pH 值为横坐标，电极电位为纵坐标，可绘制出电位-pH 的关系曲线，如图 7-2 所示。

表 7-1 25℃时 pH 和 pCN 值对换表

pH 值	0	2	4	6	8	10	12	14
pCN 值	11.4	9.4	7.4	5.4	3.4	2.3	约 2	约 2

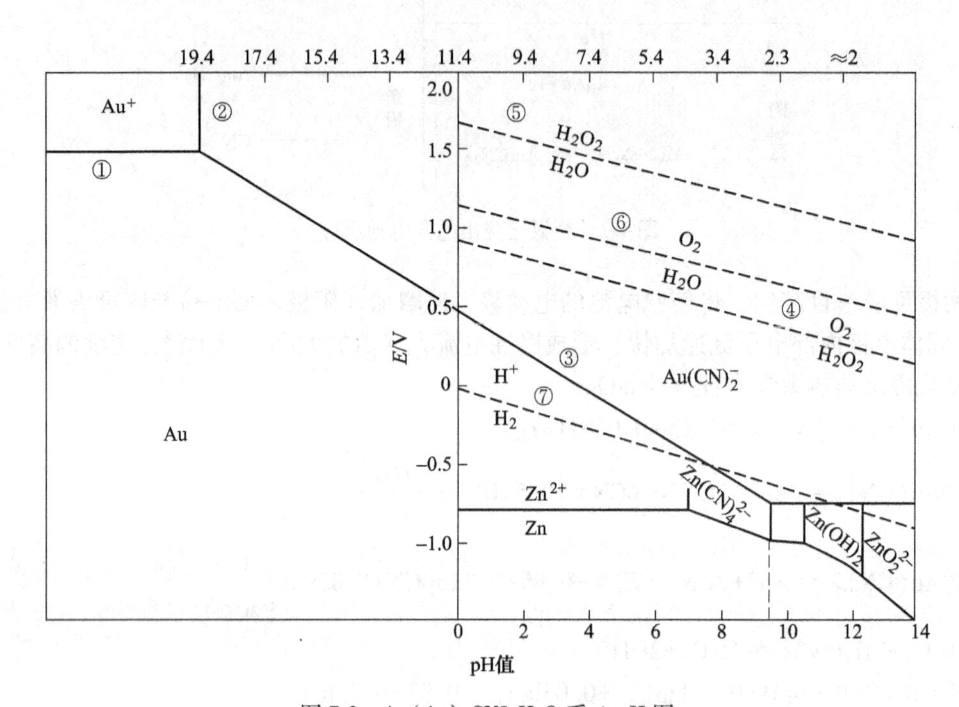

图 7-2 Au(Ag)-CN^--H_2O 系 ϕ-pH 图

对图 7-2 进行分析：

（1）介质水的稳定区：⑥线是水稳定上线，⑦线则为稳定下线。

（2）金的反应行为：①②线间为金离子 Au^+ 的稳定区；②③线之间金氰络离子 $Au(CN)_2^-$ 稳定地存在于水溶液中；①③线之间则 Au 处于稳定态。①②③线的位置受矿浆 pH 值控制，所以金的氰化浸出速度与 pH 值有关。

（3）阳极区（负极）电位 E_3：是随 pH 值的增加而变化的。pH 值在 0~9.4 之间时，E_3 降低，主要以 HCN 存在；pH=9.4 时，E_3 最小；当 pH>9.4 时，E_3 基本不变，主要以 CN^- 存在。

（4）阴极区（正极）电位：不论[O_2|H_2O_2]的 E_4 还是[H_2O_2|H_2O]的 E_5 都随 pH 值的增加而降低。

（5）正、负极的电位差（E_3-E_4 或 E_3-E_5）在 pH 值等于 9.4 时达到最大值，即推动力达到最大值，说明金的浸出速度在 pH=9.4 左右时最高（腐蚀电流 I 最大）。

（6）⑤线高于⑥线，说明 H_2O_2 可作为氧化剂加快金的浸出速度，而本身被还原为 H_2O。

（7）④线表明氧或其他氧化剂可保证金的浸出顺利完成。

7.1.4 氰化浸金的动力学

贵金属与氰化物水溶液作用，只能在固、液、气相界面上进行。因此，氰化物水溶液浸出贵金属的过程是个多相反应过程。反应速度受多相反应的普通规律的制约。

反应过程：

（1）正扩散：溶于水中的气体氧和氰根向固体金粒表面的对流扩散。扩散到金粒表面的 CN^- 和 O_2 被吸附；被吸附的 CN^- 和 O_2 与金粒表面进行化学反应，阳极区溶下 Au^+ 形成 $Au(CN)_2^-$，阴极区 O_2 得到电子形成 H_2O_2 和 H_2O；新生成的 $Au(CN)_2^-$、H_2O_2 和 H_2O 从金粒表面脱附。

（2）逆扩散：脱附的产物向溶液内部扩散。

研究结果表明：

化学反应、吸附和脱附的速度很快，而正、逆扩散速度较慢，所以氰化浸出速度受扩散过程控制。O_2 和 CN^- 向金粒表面的正扩散是由浓度差引起的，它服从于菲克定律：

$$\frac{d[CN^-]}{dt} = \frac{D_{CN^-}}{\delta} A_2 \{[CN^-] - [CN^-]_i\}$$

$$\frac{d[O_2]}{dt} = \frac{D_{O_2}}{\delta} A_1 \{[O_2] - [O_2]_i\}$$

式中：

$\frac{d[CN^-]}{dt}, \frac{d[O_2]}{dt}$——$CN^-$ 和 O_2 的正扩散速度，mol/s；

D_{CN^-}，D_{O_2}——CN^- 和 O_2 的正扩散系数，cm^2/s；

$[CN^-]$，$[O_2]$——溶液内部 CN^- 和 O_2 的浓度，mol/L；

$[CN^-]_i$，$[O_2]_i$——金表面处 CN^- 和 O_2 的浓度，mol/L；

A_1，A_2——阳极区和阴极区的表面积，cm^2；

δ——能斯待界面层的厚度，cm。

由于 $[CN^-]_i$ 和 $[O_2]_i$ 趋于零，则有：

$$\frac{d[CN^-]}{dt} = \frac{D_{CN^-}}{\delta} A_2 [CN^-]$$

$$\frac{d[O_2]}{dt} = \frac{D_{O_2}}{\delta} A_1 [O_2]$$

当反应达平衡时，金的浸出速度 T：

$$T = \frac{1}{2} \frac{d[CN^-]}{dt} = 2 \frac{d[O_2]}{dt} (mol/(cm^2))$$

即：

$$\frac{1}{2} \frac{D_{CN^-}}{\delta} A_2 [CN^-] = 2 \frac{D_{O_2}}{\delta} A_1 [O_2]$$

因为与水接触的金属总面积 $A = A_1 + A_2$，代入得金的溶解速度 T：

$$T=\frac{2AD_{CN^-}D_{O_2}[CN^-][O_2]}{\delta\{D_{CN^-}[CN^-]+4D_{O_2}[O_2]\}}$$

（1）当氰化物浓度相对于氧的浓度很低时，可省去$D_{CN^-}[CN^-]$，即：

$$T=\frac{2AD_{CN^-}D_{O_2}[CN^-][O_2]}{4\delta D_{O_2}[O_2]}=\frac{1}{2\delta}AD_{CN^-}[CN^-]=K_1[CN^-]$$

说明：当氰化物浓度很低时，金的浸出速度取决于氰化物浓度。

（2）当氧的浓度相对于氰化物浓度很低时，可省去$D_{O_2}[O_2]$，即：

$$T=\frac{2AD_{CN^-}D_{O_2}[CN^-][O_2]}{\delta D_{CN^-}[CN^-]}=\frac{2}{\delta}AD_{O_2}[O_2]=K_2[O_2]$$

说明：当氧浓度远低于氰化物浓度时，金的溶解速度取决于氧的浓度。

（3）当金的溶解速度既取决于氰化物浓度，又取决于氧的浓度，$D_{CN^-}[CN^-]=4D_{O_2}[O_2]$时，有：$\frac{[CN^-]}{[O_2]}=4\frac{D_{O_2}}{D_{CN^-}}$，此时溶解速度达到极限值。

例如：已知18～27℃之间O_2与CN^-扩散系数的平均值分别为$2.76\times10^{-5}cm^2/s$和$1.83\times10^{-5}cm^2/s$（见表7-2），则：$\frac{[CN^-]}{[O_2]}=4\times\frac{2.76\times10^{-5}}{1.83\times10^{-5}}=6$。

说明：矿浆或溶液中的氰根和氧的浓度比值达6左右时，可使金的溶解速度达到极限值，单独增加其中之一的浓度也不可能再增加金的溶解速度。

表7-2 不同温度D_{CN^-}、D_{O_2}扩散系数值

温度/℃	$D_{CN^-}/cm\cdot s^{-1}$	$D_{O_2}/cm\cdot s^{-1}$	$\frac{D_{O_2}}{D_{CN^-}}$
18	1.72×10^{-5}	2.54×10^{-5}	1.48
25	2.01×10^{-5}	3.54×10^{-5}	1.76
27	1.75×10^{-5}	2.20×10^{-5}	1.26
平均值	1.83×10^{-5}	2.76×10^{-5}	1.50

大量实验数据表明：

（1）$[CN^-]/[O_2]$在4.6~7.4之间，浸出效果最佳。这与理论计算值是相符合的。

（2）要增加氰化物溶液中的溶解速度，必须同时增加氰根和氧在水溶液中的浓度，并且尽量保持$[CN^-]/[O_2]$的比值在6左右时，才能达到理想的浸出效果。

7.1.5 影响金氰化浸出速度的因素

7.1.5.1 矿浆pH值

（1）浸出适宜的pH值。在生产实践中，必须保持矿浆pH值在9.4~10.5之间。若碱量过大，pH值超过12，浸出率会降低；若碱量太少，当pH值小于9时，浸出率明显下降。

（2）矿浆pH值波动。在矿石中常含有硫化矿，它们被氧化后生成一些耗碱物质。例如黄铁矿（FeS_2）、白铁矿（FeS_2）、磁黄铁矿（Fe_nS_{n+1}）等矿物氧化，可生成H_2SO_4、

H_2SO_3、$Fe(OH)_3$ 等而消耗碱。

在生产用水中若含有某些酸、金属离子均可使矿浆中的 OH^- 降低。

浸出作业中充入大量的氧气，同时也带入大量的 CO_2，从而形成 H_2CO_3 而消耗碱。

为使矿浆 pH 值保持稳定，需加入 CaO 使其浓度维持在 0.01%~0.03%范围内（定期测量）。

（3）保持适宜 pH 值，防止 HCN 的生成。当 pH≥10 时，几乎所有的氰化物都以 CN^- 的形式存在。随 pH 值的减小，氰化物主要以 HCN 形式存在；当 pH<7 时，几乎所有的氰化物都以 HCN 形式存在。氰化物被酸消耗掉，并放出剧毒的 HCN 气体。

（4）水解沉淀铁矿物。矿浆中的白铁矿、黄铁矿、磁黄铁矿等铁矿物，氧化后除产生硫酸外，还会生成 $FeSO_4$，$FeSO_4$ 与氰化物将发生反应而消耗氰化物。

$$FeSO_4 + 6KCN = K_4Fe(CN)_6 + K_2SO_4$$

当矿浆中有足够的碱和氧时，$FeSO_4$ 被氧化为 $Fe_2(SO_4)_3$，$Fe_2(SO_4)_3$ 不与氰化物作用。

综上所述，加入碱可避免氰化物的化学损失，故称之为保护碱。

7.1.5.2 氰化物和氧的浓度

（1）当 NaCN 浓度小于 0.02%时，由于 $[CN^-]<4[O_2]$，金、银的溶解速度取决于 $[CN^-]$，此时，氧的压力（浓度）并不重要。

（2）当 NaCN 浓度大于 0.02%时，由于 $[CN^-]>4[O_2]$，溶液中的氧的浓度又取决于金、银的溶解速度。

在实际生产中，通常氰化物浓度为 0.02%~0.06%。

试验证明：在氰化物浓度低于 0.05%时，由于氧在溶液中溶解度最大，以及氧和氰化物在稀溶液中的扩散速度较快，金、银的溶解速度随氰化物浓度增大而上升到最大值。

（3）继续增大氰化物浓度，金的溶解速度反而略有降低，这是因为氰化物浓度的增加，会使矿石中的大量贱金属矿物参加反应，消耗了矿浆中的氧，阻碍了金的溶解，同时也增加了氰化物的消耗。O_2 与 $[CN^-]$ 比例失调以及 pH 增加都会使氰离子发生水解。

氧（O_2）或其他药剂，如 H_2O_2、CaO_2、Na_2O_2、$KMnO_4$、Cl_2 和 Br_2 等都可作为浸金、银过程中的氧化剂。目前氰化厂普遍使用的是充入空气。

（4）强化金、银浸出过程的基本因素就是在 $[CN^-]$ 适宜的条件下，提高氧在矿浆中的浓度，可通过充富氧或在高压下进行氰化浸出。

7.1.5.3 温度

金的浸出随温度的升高而加快（离子活度增加所致），但随着温度的升高氧溶解量显著下降，至 100℃时溶解量为零，使浸出无法进行。同时氰化物自身水解增多，贱金属的氰化物反应加快，使氰化物消耗增加；$Ca(OH)_2$ 的溶解度下降，造成矿浆 pH 值偏低；同时加温要增加生产成本。一般氰化浸出不需加温，维持在 15~20℃即可。

7.1.5.4 金的粒度大小与形状

（1）金的粒度：自然金粒度的大小是金浸出速度的决定因素；粒度组成（特性）对浸出率影响也很重要；

（2）金粒形状：金粒的形状对金的浸出速度有明显的影响。金粒形状有浑圆状、片状、树枝状、脉状、内有孔穴和不规则状等。金的浸出速度由快到慢为：孔穴>脉状、树枝状>片状>浑圆状。

一定尺寸金粒完全溶解可按下面公式计算：

$$t=\frac{\rho}{T}R$$

式中 t——金粒浸出终了时间，h；

ρ——金的密度，g/cm^3；

T——金粒浸出速度，$g/(cm^2 \cdot h)$；

R——金粒的球半径，cm。

当金粒直径为 0.104mm（150 目）、0.074mm（200 目）和 0.043mm（325 目）时，按上式 T 为 0.0018 时可求出其终了浸出时间为 55.8h、39.7h 和 23.1h。

金粒在氰化浸出作业中的行为，可分三种粒度范围：粗粒金（大于 74μm）、细粒金（70~1μm）和微粒金（小于 1μm）。为了便于作业，有时将大于 495μm（32 目）的金粒称为特粗粒金。

粗粒金在氰化浸出前常采用重选予以回收；细粒金适合氰化浸出；微粒金不宜直接氰化浸出，宜先经焙烧，再高温酸化处理。

7.1.5.5　*矿浆黏度*

氰化物和氧在矿浆中的扩散速度直接受矿浆黏度的影响，黏度过大对氰化浸出是不利的。合理的矿浆浓度应通过试验确定。对于含泥较少、杂质不多物料可采用高浓度浸出，一般控制在 40%~50%；对于矿物组成复杂，含泥较多的矿石，必须采用低浓度浸出，通常为 25%左右。

7.1.6　伴生矿物在氰化浸出过程中的行为

含金矿石的组成一般均较复杂，含金矿石中除某些惰性矿物（石英、硅酸盐、氧化铁矿）不与氰化物作用之外，通常还含有易与氰化物和氧反应的活泼矿物。活泼矿物在氰化时发生副反应，增加药剂和氧的消耗，而且影响浸出和降低金的回收率。影响氰化浸出过程的主要的矿物有铁、铜、锌、砷等矿物；此外汞、铅矿物也有明显影响。

7.1.6.1　*铁矿物*

（1）铁的氧化矿物：主要有赤铁矿（Fe_2O_3）、磁铁矿（Fe_3O_4）、针铁矿（$Fe_2O_3 \cdot H_2O$）、菱铁矿（$FeCO_3$）等。这类矿物对金的氰化过程无重大影响。

（2）铁的硫化矿物：黄铁矿（FeS_2）、磁黄铁矿（$Fe_{1-x}S$）、白铁矿（FeS）等，这类矿物在氰化过程中转变较大，其转变程度与矿石本身性质、粒度和氰化条件有关。

铁的硫化物不仅与氰化液作用，而且作用后的产物也与氰化物发生反应。反应式如下：

$$2FeS_2 + 7O_2 + H_2O = 2Fe^{2+} + 4SO_4^{2-} + 4H^+ \quad (1)$$

$$4Fe^{2+} + O_2 + 4H^+ = 4Fe^{3+} + 2H_2O \quad (2)$$

$$4Fe^{3+} + 5H_2O + SO_4^{2-} = 2Fe_2O_3 \cdot SO_3 + 10H^+ \quad (3)$$

$$4Fe^{3+} + 5H_2O + SO_4^{2-} = 2Fe_2O_3 \cdot SO_3 + 10H^+ \quad (4)$$

$$2Fe_2O_3 \cdot SO_3 + 7H_2O = 4Fe(OH)_3 + SO_4^{2-} + 2H^+ \quad (5)$$

当保护碱不足时：(1)、(2)、(3) 式反应进行，生成挥发性的氢氰酸（HCN）。

硫化铁在氰化液中氧化，比在水中快得多，因而造成氰化物和氧的大量消耗，从而严重影响金、银的氰化浸出。

$$4FeS + 3O_2 + 4CN^- + 6H_2O = 4CNS^- + 4Fe(OH)_3 \quad (6)$$

由于易氧化的硫铁矿在氰化时产生许多副反应，所以给氰化带来很多困难，其主要是：(1) 降低金的浸出率和浸出速度，主要原因是降低了氰化液中氧的浓度，并增加了氰化液中碱金属和碱金属的硫酸盐的积累；(2) 增加了氰化物的消耗，主要是结合成为硫代氰酸盐和亚铁氰酸盐。

为消除上述影响，在实际氰化中采用下列方法快速氧化硫化铁矿：氰化前，在碱溶液中向矿浆充气；在氰化时强烈充气；往氰化矿浆中加入氧化铅或可溶性铅盐。

不含氰化物的碱溶液充气时，硫化铁氧化生成氢氧化铁 $Fe(OH)_3$，$Fe(OH)_3$ 不与氰化物发生作用：

$$4FeS + 9O_2 + 8OH^- + 2H_2O = 4Fe(OH)_3 + 4SO_4^{2-}$$

此外，在硫化矿物表面形成氢氧化铁膜，在很大程度上防止硫化物与氰化液作用。在快速氧化硫铁矿的氰化过程中，使用铅化合物的目的是使难溶的硫化矿转变成硫代氰化物。应用上述方法，可降低易氧化硫铁矿对金氰化浸出的有害影响，以满足生产对工艺指标的要求。

7.1.6.2 *铜矿物*

铜矿物中主要是蓝铜矿（$2CuCO_3 \cdot Cu(OH)_2$）、孔雀石（$CuCO_3 \cdot Cu(OH)_2$）、赤铜矿（Cu_2O）、辉铜矿（Cu_2S）、斑铜矿（Cu_5FeS_4）、砷铜矿（$CuSAs_2S_6$）、金属铜极易与氰化物溶液作用，2 价铜的氧化物被 CN^- 还原为 1 价铜，消耗氰化物并生成氰气（$(CN)_2$）：

$$Cu(OH)_2 + 2CN^- = CuCN + 2OH^- + 1/2(CN)_2$$

$$Cu(OH)_3 + 2CN^- = CuCN + CO_3^{2-} + 1/2(CN)_2$$

$$CuSO_4 + 2CN^- = CuCN + SO_4^{2-} + 1/2(CN)_2$$

单体氰化铜，易溶于氰化液：$CuCN+2CN^-=[Cu(CN)_3]^{2-}$

金属铜在充气的氰化液中，产生与金、银相类似的反应：

$$4Cu + 12CN^- + O_2 + 2H_2O = 4[Cu(CN)_3]^{2-} + 4OH^-$$

但与金、银不同的是，在没有氧的情况下，铜还易被水氧化：

$$2Cu + 6CN^- + H_2O = 2[Cu(CN)_3]^{2-} + 2OH^- + H_2$$

上述反应不仅增加氰化物的消耗，而且溶液中铜络离子可在金表面生成膜而降低金的溶解速度。可通过提高氰化物的浓度来消除铜在金表面形成的薄膜的影响，从而提高金的浸出率。若铜的含量具有工业回收价值，可在氰化浸出前，通过浮选等方法首先回收铜，浮选铜尾矿再氰化提金；或通过浮选获得铜金精矿，在铜冶炼中再回收伴生金，具体用什么工艺方法，视具体矿石性质而定。

7.1.6.3 砷和锑化物

在砷锑矿物中，对氰化过程有害严重的是辉锑矿（Sb_2S_3）、雌黄（As_2S_3）和雄黄（AsS），主要是增加氰化物的消耗，而降低金的浸出率。这几种矿物虽不与氰化物直接反应，但易与碱作用，生成氧化物和硫代酸盐；在有氧的条件下，生成硫代化合物和硫氰化物。

（1）处理这类矿石，应尽量降低溶液中保护碱的浓度，可提高金的浸出率（例 pH = 10）。

（2）在浸出液中加入少量硝酸铅和醋酸铅，使 SbS_3^{2-}、AsS_3^{3-} 结合成难溶的硫化物。

毒砂是金矿中常见矿物，但与砷锑矿不同，在碱性氰化液中不分解，对金浸出无影响，但其中常含有细粒与微细粒金，呈包裹状态，在常规的磨矿条件下，很难裸露与解离，故称难浸金矿之一。

7.1.6.4 银矿物

银矿物中角银矿（AgCl）最易溶于氰化物溶液中，并不耗氧：

$$AgCl + 2NaCN = NaAg(CN)_2 + NaCl$$

辉银矿（Ag_2S）在氰化溶液中：

$$Ag_2S + 4NaCN = 2NaAg(CN)_2 + Na_2S$$

Na_2S 对银的浸出有影响，它要消耗上百倍的氰化物。这是因为碱金属硫化物（Na_2S）等在 CaO 存在的时候，生成 NaCNS 和 $Na_2S_2O_3$（转化为 Na_2SO_4）的结果。

采取相应措施：

（1）提高矿浆中的氰化物浓度并强化矿浆充气。

（2）预先加可溶性铅盐。预先加入少量可溶性铅盐（醋酸铅或硝酸铅）等，可使可溶性 Na_2S 变成难溶的 PbS 沉淀，使下式反应向右进行，在某种程度上可改善硫化银矿物的溶解。

$$Na_2S + Pb(AC)_2 = PbS + 2NaAC$$

7.1.6.5 含碳矿物

用氰化法处理含碳（或石墨）金矿石时，可发现已溶金过早地沉淀，并随尾矿流失。

采取相应措施来提高金的氰化浸出率：

（1）在氰化浸出前向矿浆中加入适量的煤油、煤焦油或其他药剂，在碳的表面形成不吸附已溶金的薄膜；

（2）预先用次氯酸钠或氯处理，使之氧化；

（3）氧化焙烧；

（4）加压氧化；

（5）生物氧化。

7.2 氰化浸出工艺

氰化浸金已应用一百多年，世界黄金总产量60%以上是用氰化法生产的。目前，占主导地位的氰化工艺有锌置换法（CCD 法）、炭浆（炭浸）法、树脂矿浆法、堆浸法等。

对难处理金矿石的加压氧化、焙烧氧化、细菌氧化等预处理等技术在工业上得到应用。

7.2.1　氰化溶金方法

常用的方法有：

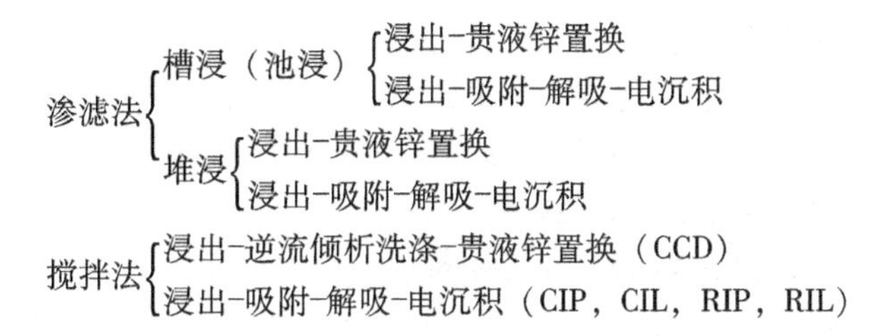

7.2.2　池浸（槽浸）法

池浸（槽浸）法适于处理疏松多孔、解理发育和渗透性好的物料。处理含较多原生矿泥或次生矿泥的物料时，须预先脱泥。浸出通常在渗滤槽中进行，具有造价低、投资少、见效快的优点，周期作业长，占地面积大，金浸出率低等缺点。适用于储量小、矿石品位高的含金矿石。

（1）池浸槽。池浸槽一般有圆柱形、长方形或正方形等，可用木材、钢材、水泥制成。槽的大小取于矿砂处理量，一般 75～150t。我国小型矿山多采用水泥槽，装矿量为 15～30t。

槽子高度取决于渗透能力，一般在 1.5～3.0m，渗滤速度慢采用较小高度，反之采用较大的高度。

槽底上部 150～250mm 处设有滤底，起承载矿砂和使含金溶液顺利通过的作用。滤底上铺有滤布、麻袋片等使滤液澄清。槽底侧壁有管口，来排放贵液。渗滤池浸槽如图 7-3 所示。

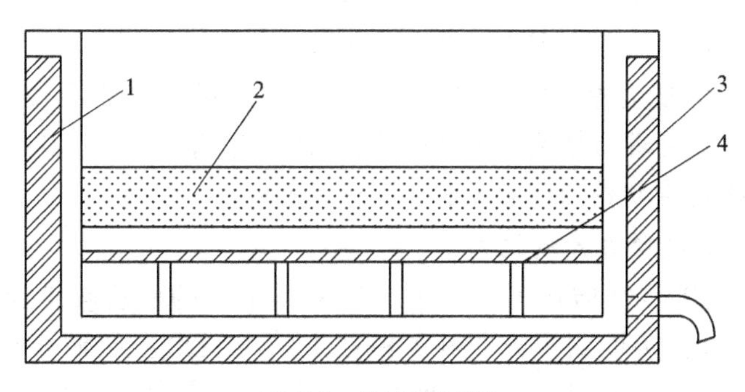

图 7-3　渗滤池浸槽

1—水泥衬里；2—矿砂层；3—槽体；4—滤底

（2）装料。矿石碎至 5～20mm，渗透性好的矿石，粒度可小些。反之，大些。装料方式有干式和湿式两种方式。

干式：适于含水分 20%以下的矿砂。优点是料层中存有大量的空气，有利于提高金的浸出率。

湿式：大多数选矿厂采用。矿砂先用水稀释，用砂泵输送或溜槽自流至槽内。缺点是充气量不足，可能使金浸出率降低。

（3）池浸出的操作。

1）浸出液的渗滤速度：渗滤速度是单位时间内氰化液面上升或下降的距离。一般保持在50~70mm/h为宜。若小于20mm/h渗滤速度就太小。渗滤速度由矿砂粒度的大小、形状、均匀程度、装料层高度和含泥量决定的。

2）药剂制度：先用浓氰化液（0.1%~0.2%），后用中等浓度氰化液（0.05%~0.08%），最后用稀氰化液（0.03%~0.06%）多次渗滤浸出。通常NaCN、CaO与干矿砂的配比分别为0.25~0.75kg/t和1~2kg/t。

3）工作方式：依据氰化液加入方式分间歇式和连续式。

间歇式：操作顺序为：浓氰化液浸出12h—放出液体—静置6~12h（吸入空气）—中等氰化液浸出6~12h—放出液体—静置8h（二次吸入空气）—氰化液渗滤浸出—结束。

连续式：浸出液连续加入槽内渗滤浸出，浸出过程浸出液面略高于矿砂面。

4）浸出时间：与矿砂性质、渗滤速度、装卸料的机械化程度及氰化液有关。一般4~8天，含矿泥多，长达10~14天。

5）氰化尾矿的处理：氰化尾矿经洗涤后即可排出，分干式和湿式。

6）含金贵液回收：活性炭吸附、树脂吸附、锌置换、电沉积等。

7.2.3 堆浸法

采用堆浸法从矿石中直接提取金属已具有悠久的历史，早在18世纪末期，人们就开始用此方法处理某些铜矿和铀矿。20世纪60年代后期，由于金价上涨的刺激，人们开始研究从低品位含金矿石及以前遗弃的废矿堆、尾矿砂中提取黄金的新技术 。1970年美国矿山局在内华达州卡琳金矿建成了世界上第一座黄金堆浸厂。80年代后，我国在堆浸技术方面发展较快，于辽宁的虎山金矿、河南的灵湖金矿进行堆浸。1991年在新疆进行了首次十万吨级大规模的低品位金矿堆浸试验，获得成功。新疆试验的成功，标志着我国的堆浸提金技术逐步趋于成熟，取得了明显的经济效益。

实践证明，采用堆浸法提金技术进行黄金生产具有处理矿石品位低、规模大、投资少、成本低等优点，是处理低品位含金矿石的有效方法。推广应用堆浸法提金技术，组织大规模堆浸生产，必将推动我国黄金工业的进一步发展。

7.2.3.1 堆浸法提金生产的过程

（1）破碎。根据矿石性质及工艺要求，将采场采出的矿石破碎到一定粒度（一般为5~20mm）后，可直接运到预先制好的浸垫上筑堆浸出。如果堆浸物料中含大量的-50μm的矿泥，将大大降低矿堆的渗透性，堆内出现液沟，某些地方出现“死区”，即未浸区。

实践证明：破碎是保证矿石具有良好渗透性，提高金的浸出率的关键技术环节之一。

（2）底垫。堆浸建在不透水的场地上进行，因此，浸垫必须构筑在坚固的地面上，并保持一定的坡度，使浸出含金贵液透过矿堆收集于贵液池中。堆浸场的底垫、贵液池、贫液池、溢流池的衬垫以及池边均已采用高强度聚乙烯类材质，厚度一般为0.5~1.5mm，其优点是延伸性、抗刺破性好，适于现场粘接，可反复使用。在整个堆浸场周围筑起一条

60~100cm 高的防洪墙或挖一条 60cm 左右深的防洪沟。

(3) 筑堆。筑堆的方法直接影响矿堆的渗透性和金的回收率，可见成为堆浸法成败的关键。矿堆的形状为梯形，上下底一般为长方形或正方形，但也有圆形，视所用筑堆机械而定。常用的筑堆机械有轮胎装载机、自卸卡车、履带式推土机、吊车和移动式皮带运输机。

矿堆高度筑堆方式直接影响矿堆的渗透性。筑堆高度反应了堆浸厂的技术水平。筑堆的方式有多堆法、多层法、斜坡法等。

(4) 制粒。广泛应用制粒技术处理粉矿及含黏土高的矿石是国外应用堆浸技术的一大优势。团矿堆浸中三个重要参数：1）往干给料中加入黏结剂的量；2）加入混合物料中的水量；3）形成硅酸钙连接链所需要的时间。对三个参数进行适当的调整，可成功地预处理渗透性差的已碎矿石，含黏土和泥量大的矿石、细粒尾矿、废料等。

制团是靠黏结剂的黏结力或水的表面张力使细小的矿泥颗粒聚合成强度较大、渗透性好的大聚团或矿泥颗粒粘附于矿石大颗粒表面，改善矿石颗粒间的渗透性。制团方法有溶液制团和黏结制团。当矿石含泥少时，采用溶液（水或氰化物液）制团使矿泥黏附于粗颗粒表面；细粒多（-0.074mm 超过 10%）时，需加入黏结剂来改善颗粒间的黏结能力。主要制粒设备有圆筒式制粒机、圆盘式制粒机、多段式皮带制粒机等。

(5) 喷淋。管网全部采用高强度聚乙烯塑料管，喷淋管直径一般为 2~5cm，以一定间隔接有喷嘴、喷头。喷淋系统有固定式、旋转摇摆式。摇摆式喷淋系统比固定式喷射半径大，喷洒液滴大而均匀，不易雾化，因此效果较好，但易于结垢。为了防止结垢，可向溶液中加入防垢剂。固定式喷淋系统最简单、最方便，易安装、管理，只需在管道上以固定间隔按一定尺寸钻一些孔即可。但会经常出现液沟，造成喷洒不均匀，从而影响浸出率。

(6) 废矿堆的处理。浸出结束后，用清水或贫液对矿堆洗涤几次，洗涤水收入储液池中，用作下次喷淋使用。经洗涤完的矿堆表面洒漂白粉处理，以除去剩余的氰化物。

(7) 浸出贵液中金的回收。从堆浸获得的含金贵液中回收金方法很多，常见的有锌置换法、活性炭吸附法、树脂吸附法、溶剂萃取法、直接电解法等。

7.2.3.2 堆浸法提金常用的工艺流程

(1) 原矿—破碎—喷淋浸出—浸出液用活性炭吸附金—载金炭解吸—解吸贵液电积金—金泥烘干—金粉熔铸合质金。

此工艺流程适合于矿物组成比较单一，除金以外银、铜及其他重金属含量较低的矿石。技术条件的控制比较宽松，易于掌握；浸出液中银和其他重金属离子的含量少，与金竞争吸附成分少，金的吸附率高；活性炭及活性炭吸附尾液可循环使用，不仅减少氰化钠消耗量，而且减轻对环境的污染。

(2) 原矿—破碎—喷淋浸出—浸出液用锌粉（丝）置换—金泥酸处理—金泥烘干—金粉熔铸合质金。

此工艺流程适合于含银或其他重金属成分较高的金矿石。由于矿石中银或铜等重金属含量高时，氰化浸出液中这些组分的含量较高，采用炭吸附可产生竞争吸附；由于竞争吸附需大量的活性炭，增大解吸电解处理量，必然增加炭损耗量，不经济；采用锌置换法相于炭吸附法的技术要求比较严格，流程复杂；要求浸出液中浓度为金>1.5mg/L，氰化物>

0.1g/L，氧<0.5mg/L。置换前必须脱氧，故该流程操作比较复杂。

（3）原矿—破碎—喷淋浸出—浸出液用硫化钠沉淀银—滤液用活性炭吸附金—载金炭解吸—贵液电积—金泥烘干—金粉熔铸合质金。

此工艺流程适合于以金为主又含有相当数量的银的矿石。与第一种流程区别是浸出贵液在进入活性炭吸附之前，先加入硫化钠将溶液中的银氰络合物转变成硫化银沉淀，经过滤，硫化银在滤饼中加以回收，金仍在滤液中，再用活性炭吸附，其余与第一种流程相同。优点是能够避免活性炭吸附金时银的不利影响，同时能优先回收银，而且银的回收率也较高；缺点是必须增加硫化钠的消耗和沉淀回收银所需的设备，如搅拌槽、过滤机等，同时还因为硫化银沉淀物过滤速度较慢而延长整个作业的周期。

7.2.4 搅拌氰化浸出

搅拌氰化浸出法是将矿石或精矿经细磨浓缩后，在搅拌浸出槽中进行氰化浸出。图7-4是全泥氰化浸出-洗涤-锌置换提金工艺流程图。

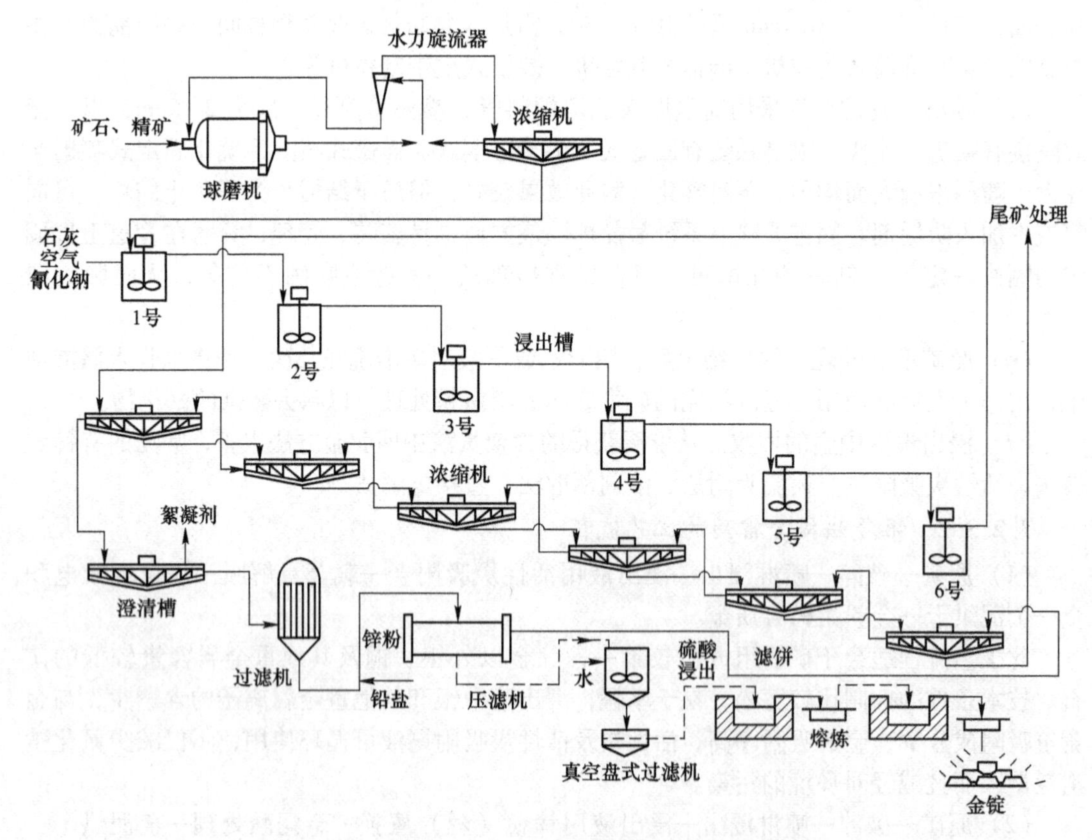

图7-4 全泥氰化浸出—洗涤—锌置换提金工艺流程图

（1）对矿石的准备。矿石细磨程度取决于金的粒度。在某些情况下，需磨到-0.074mm（-200目）甚至-0.043mm（-325目）；浮选金精矿氰化，需磨矿、浓缩脱除浮选药剂；矿石中不能含过多的锑、砷、铜、铁的硫化物和碳等对氰化过程有害的矿物，需先进行预处理；特别是含铜的金矿，先进行浮铜产生铜精矿，铜尾矿再进行氰化浸出。

（2）浓缩。浓缩一般采用中心传动的浓密机，矿浆在槽中自由沉降；底流（浓缩产品）固体质量分数为40%～50%；矿浆浓缩程度取决于矿粒的粒度、密度和物理化学性质；浓密机大小选取可根据矿浆的沉降试验来确定；若溢流跑浑，不易沉降，可适当添加少量絮凝剂。

（3）浸出过程 。氰化物浓度为0.01%～0.1%，CaO添加量为0.01%～0.03%，pH＝9.4～10.5，具体药剂制度要由试验确定；最佳液固比应由试验确定，在保证溶金速度下，液固比应尽可能小些；浸出方式有连续和间断两种：连续浸出具有生产能力大、自动化程度高、动力消耗少，厂房占地面积小等优点；而对难溶金矿石实行阶段浸出时以及每段浸出需要用新的氰化物溶液时，才采用间断氰化法。浸出槽数不少于4～6个，最好为8～12个。

搅拌氰化槽根据搅拌方式不同，可分为：

（1）机械搅拌浸出槽。优点是搅拌均匀、强烈；适用处理粒度大、相对密度大的矿石；缺点是动力消耗大，设备维修工作量大。

（2）空气搅拌浸出槽。优点是构造简单，就地安装；缺点是备用电源，不适合处理粒度大、相对密度大、浓度低的矿石。

（3）空气和机械联合搅拌浸出槽。具有动力消耗少、容积大等优点，多用于大型氰化厂。

7.2.5　固液分离与洗涤

（1）洗涤意义。矿浆经一段时间浸出后，浸出率基本稳定在一定数值范围内，浸出作业已完成。为了使含金溶液与固体浸渣分离，需进行洗涤和过滤。

浸出后矿浆中含金水溶液由两部分组成：一部分为颗粒间的自由水，另一部分则为颗粒表面的水化膜。前者易分离，一般用浓缩机即可实现，称之为固液分离；后者只用脱水的办法是无法分出来的，必须用不含金的水多次清洗，最终实现用不含金的水化膜取代颗粒表面原有的含金水化膜的目的。

（2）洗涤流程。从矿浆中分离含金溶液和固体浸渣的洗涤方法有逆流倾析洗涤法、过滤洗涤法和流态化洗涤法以及它们之间的联合洗涤流程。

逆流倾析洗涤法是将浸出后的矿浆通过浓密机浓缩进行固液分离，浓缩矿浆再用脱金贫液或清水洗涤，并再一次进行固液分离。经过多次洗涤、固液分离后，矿浆中含金越来越少，从而实现含金溶液与固体浸渣分离。

过滤洗涤法是利用过滤机对氰化矿浆进行固液分离，得到含金贵液。

洗涤柱是流态化洗涤的一种，广泛用在有色金属的湿法冶金中。洗涤柱为一细长的圆形空心柱，上部粗、下部细。矿浆从柱的顶部进入，洗液从洗涤段和压缩段的界面供入，在矿浆与水的逆流运动中，固体物料被洗涤，并沉降于柱的底部而从排料管排出，含金溶液从柱顶的溢流堰排出。洗涤柱的原理和结构如图7-5所示。

（3）洗涤效率。洗涤效率一般很高，可达98%以上。

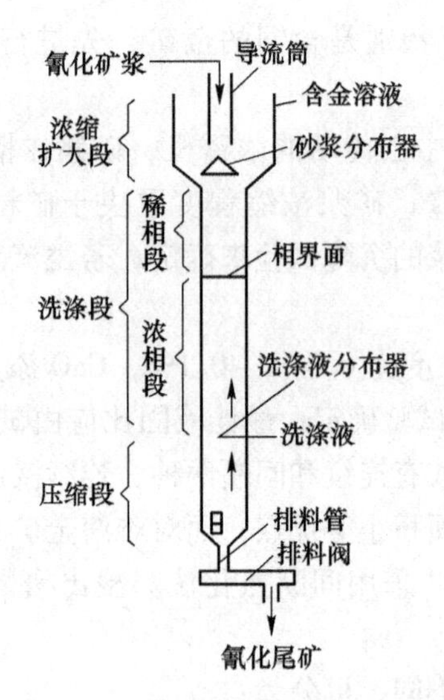

图 7-5 洗涤柱的原理和结构示意图

7.3 锌置换法沉淀金银

从含金、银贵液（氰化物溶液）中析出金、银的方法有：锌置换、活性炭吸附、离子交换树脂吸附、铝置换、电积和萃取等方法。在生产实践中采用哪种方法取决于含金、银氰化液的组成。从含金、银浓度较高的氰化液中回收金、银以采用锌、铝或电积等直接还原为好；若从低浓度的金、银溶液中回收金、银则以活性炭或离子交换树脂吸附富集回收更为有利。

7.3.1 锌置换沉淀的理论基础

目前锌置换有锌丝置换和锌粉置换两种。锌置换的过程是电化学反应过程，金的沉淀是生成电偶的结果，该电偶为锌-铅电偶，锌为阳极，铅为阴极。原电池可表示为：$Au(CN)_2^- | Zn \cdot Pb | H^+$。

阴极区产生去极化反应：

$$2H^+ + 2e = H_2$$

阳极区金被还原为金属：

$$2Au(CN)_2^- + Zn = 2Au + Zn(CN)_4^{2-}$$

$$2Ag(CN)_2^- + Zn = 2Ag + Zn(CN)_4^{2-}$$

同时存在锌的消耗反应：

$$Zn + 4CN^- = Zn(CN)_4^{2-} + 2e$$

$$Zn + 4OH^- = ZnO_2^{2-} + 2H_2O + 2e$$

$$ZnO_2^{2-} + 4CN^- + 2H_2O = Zn(CN)_4^{2-} + 4OH^-$$

（1）若溶液中有氧存在时，锌被氧化：

$$2Zn + O_2 + 2H_2O = 2Zn(OH)_2\downarrow(\text{白色沉淀})$$

$$Zn(OH)_2 + 4CN^- = Zn(CN)_4^{2-} + 2OH^-$$

（2）若溶液中 CN^- 低浓度时，氰锌络合物分解并生成不溶解的氰化锌（白色沉淀）：

$$Zn(CN)_4^{2-} + Zn(OH)_2 = 2Zn(CN)_2 \downarrow + 2OH^-$$

总之，上述反应中生成的氢氧化锌和氰化锌沉淀会沉积在锌的表面妨碍金的置换，所以在金的置换过程中，要保持溶液中有一定的氰化物和碱的浓度，避免 $Zn(OH)_2$ 和 $Zn(CN)_2$ 的生成，使金的置换过程顺利进行。

7.3.2 锌置换沉淀的工艺条件

（1）氰与碱的浓度。锌置换金时对贵液中氰化物浓度和碱的浓度有一定要求。氰化物和碱浓度过高，会使锌的溶解速度加快，当碱度过高时，锌可在无氧条件下溶解，使锌耗增加，同时又由于锌的溶解不断暴露新锌表面，可加速金的沉淀析出。

锌丝置换：氰浓度为 0.05%～0.08%，碱浓度为 0.03%～0.05%；

锌粉置换：氰浓度为 0.03%～0.06%，碱浓度为 0.01%～0.03%。

（2）氧的浓度。金在氰化物中溶解必须有氧参加，而置换是金溶解的逆相过程，置换过程中的溶解氧对置换是有害的。氧的存在会加快锌的溶解速度，增加锌耗，大量产生氢氧化锌和氰化锌沉淀而影响置换。溶氧量在生产中，一般控制溶液中的溶解氧时在 0.5mg/L 以下。

（3）锌的用量。锌作为沉淀剂，其用量的大小对金置换效果起着决定作用。锌用量太少，满足不了置换要求，而用量过大又造成不必要的浪费，使成本增加。

锌丝置换：用量大，一般高达 200～400g/m^3 溶液；

锌粉置换：用量低，一般为 15～50g/m^3 溶液。

（4）铅盐的作用。铅在锌置换过程与锌形成电偶电极加速金的置换，铅析出的 H_2 与贵液中的 O_2 作用生成 H_2O，从而降低贵液中的含氧量。铅离子具有除去溶液中杂质的作用，如溶液中硫离子与铅离子反应，可以生成硫化铅沉淀而被除去；生产中常采用的醋酸铅，有时也采用硝酸铅，但用量不宜过大，生产中，全泥氰化贵液中铅盐用量为 5～10g/m^3，精矿氰化贵液中铅盐用量为 30～80g/m^3。

（5）温度。锌置换金的反应速度与温度有关，置换反应速度取决于金氰络离子向锌表面扩散的速度。温度增高，扩散速度加快，反应速度增加。当温度过高，超过 HCN 的挥发温度，会造成环境污染，有碍于工人健康。温度低于 10℃，反应速度很慢。因此，在生产中一般保证贵液温度在 15～25℃之间为宜。

（6）贵液中的杂质。溶液中所含杂质如铜、汞、镍及可溶性硫化物等都是置换金的有害杂质。

铜的络合物与锌反应时，铜被置换而消耗锌，同时铜在锌的表面形成薄膜妨碍金的置换，其反应式：

$$2Na_2Cu(CN)_3 + Zn = 2Cu + Na_2Zn(CN)_4 + 2NaCN$$

汞与锌发生反应生成的汞与锌合金使锌变脆，影响金的置换效果，其反应式：

$$Na_2Hg(CN)_4 + Zn = Hg + Na_2Zn(CN)_4$$

可溶性硫化物会与锌和铅作用，并在锌和铅的表面上生成硫化锌和硫化铅，降低了锌对金的置换作用。

（7）贵液的清洁度。进入置换作业的贵液经过净化处理必须达到清澈透明，不允许带有超过要求的悬浮物、矿泥和油类。否则污染锌表面，影响置换率；另外，悬浮物将几乎全部进入金泥，影响金泥质量和火法冶炼。因此，在生产中，一般情况下保证贵液悬浮物含量在5mg/L以下。

7.3.3 锌丝置换法

19世纪末期，锌丝置换工艺应用于氰化提金。现仍作为从含金氰化液中置换金、银的方法之一，普遍应用于小型氰化厂和民间采金。大中型氰化厂逐渐被锌粉置换或更有效炭吸附和树脂吸附工艺所代替。

（1）锌丝置换法工艺。氰化提金产出的贵液经砂滤箱和储液池沉淀，除去部分悬浮物，加入置换箱进行置换。一般在砂滤之前加入适量的铅盐，在置换箱里预先加入足量锌丝，含金银的溶液通过置换箱后金银被锌置换而留在箱中。置换出的金银在锌丝表面析出，呈微小颗粒状，增大到一定的程度后，则以粒团形式存在并靠自重从锌丝上脱落，并沉淀在箱的底部，而贫液则从箱的尾端排出。锌丝置换工艺流程见图7-6。

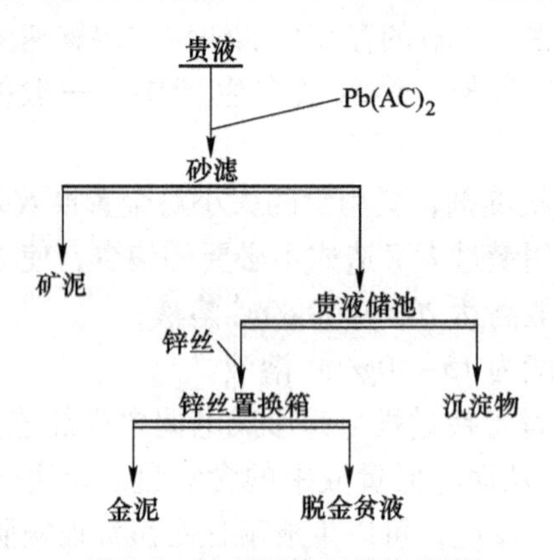

图7-6 锌丝置换工艺流程图

置换时间是指溶液通过铺满锌丝的置换箱所需时间，一般约30~120min，由于锌丝置换时间较长，所以锌丝耗量较大。在生产中氰化物浓度为0.05%~0.08%，若氰化物浓度较低，锌氧化生成白色的氢氧化锌和氰化锌沉淀。

（2）锌丝置换设备。锌丝置换设备有砂滤箱和置换箱。

砂滤箱通常用钢板、木板或混凝土制成的，有长方形或圆形。溶液从上部给入，通过滤层时部分悬浮物被滤层滤出，净化液从底部排液口排出。该净化设备简单，但净化效果较差。砂滤箱结构示意如图7-7所示。

置换箱通常用钢板或水泥制成，有长方形箱体。箱上口敞开无盖，根据所处理的液体量多少及操作是否方便来决定箱体的长、宽、高尺寸。一般箱长3.5~7m，宽0.5~1.0m，高0.75~0.9m。第一槽常用作澄清格，不加锌丝；有时为了改善澄清效果在第一格中加入棕麻或尼龙丝等用以沉淀悬浮物；最后一槽用于收集被溶液带出的细粒金泥，有时也加入少量的锌丝。锌丝的厚度为0.02~0.04mm，宽1~3mm，压紧的锌丝孔隙率为79%~98%。锌丝置换沉淀箱如图7-8所示。

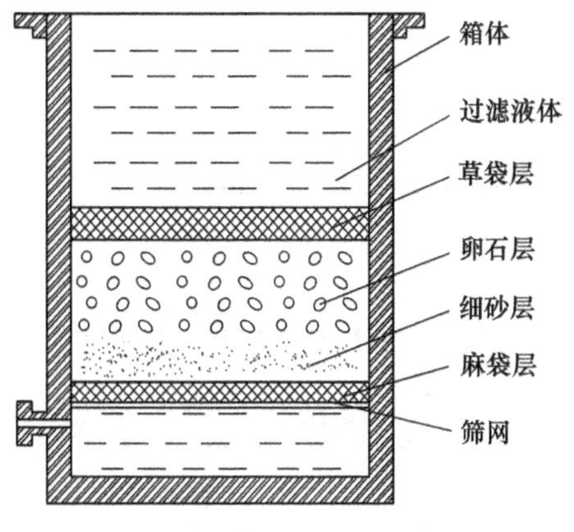

图 7-7 砂滤箱结构示意图

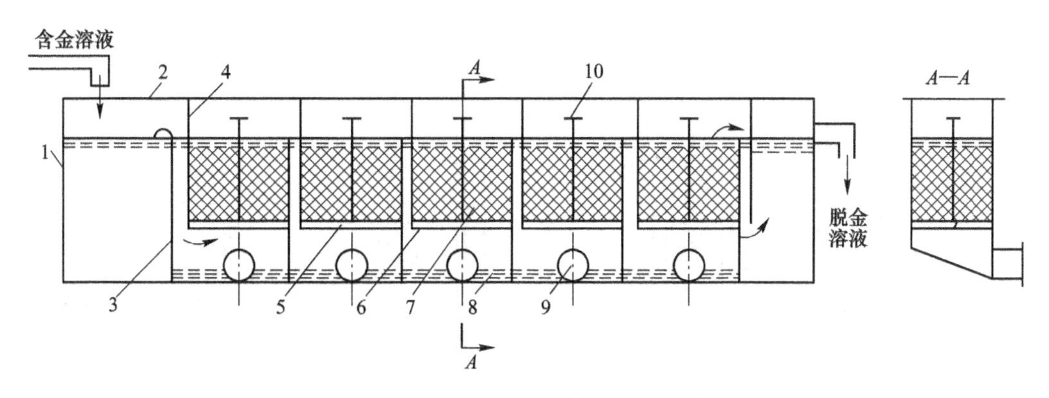

图 7-8 锌丝置换沉淀箱

1—箱体；2—箱缘；3—下挡板；4—上挡板；5—筛网；6—铁矿架；
7—锌丝；8—置换下金泥；9—排放口；10—把手

7.3.4 锌粉置换法

（1）锌粉置换法工艺。锌粉置换工艺由贵液净化、脱氧和锌粉置换三个作业组成，其工艺流程如图 7-9 所示。

（2）贵液净化及其设备。净化作业的目的是清除贵液中的固体悬浮物，避免其进入置换作业，影响置换效果和金泥质量，因此生产中要求净化后贵液中悬浮物含量越低越好。净化设备可分两类：一类为真空吸滤式的，如板框式真空过滤器；一类为压滤式，如板框压滤机、管式过滤器及星形过滤器等。

板框式真空过滤器：是贵液净化应用最广泛的设备之一，它的构造是一个长方形槽，内装若干片过滤板框，板框一端与槽外真空汇流管相接，板框以 U 型管为骨架，骨架内侧钻有间隔均匀的小孔并且在一定的间隔装有篦子板外套滤布袋，袋口封严，U 型管骨架一端封死，另一端有管活节和阀门与真空汇流管垂直相连，篦子板可用木、塑料硬质橡胶或竹片等制成。板框式真空过滤器如图 7-10 所示。管式过滤器是目前使用较多的过滤设备，其结构如图 7-11 所示。

（3）脱氧及其设备。含金、银贵液中溶解氧对锌置换金、银是有害的，所以必须脱

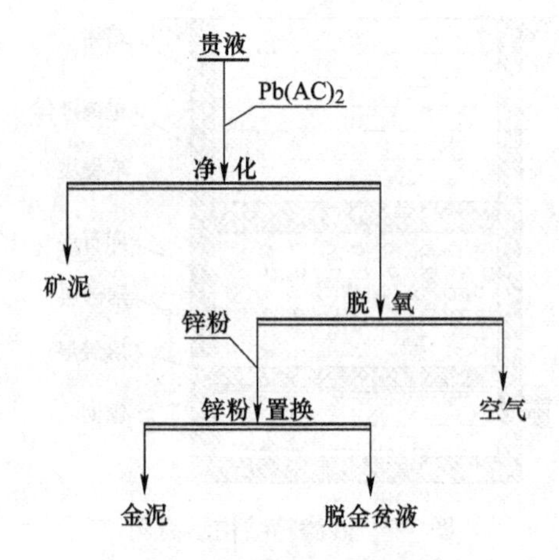

图7-9　锌粉置换工艺流程图

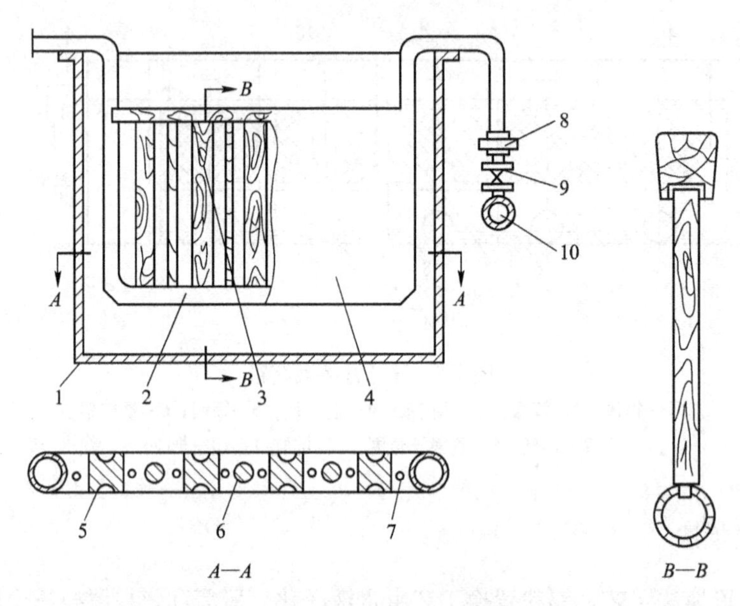

图7-10　板框式真空过滤器

1—槽体；2—U形管架；3—上口横梁；4—滤布袋；5—工字形算条；
6—圆形算条；7—进液口；8—活节；9—环阀；10—真空吸液管

氧，以保证锌置换的顺利进行。目前工业上普遍采用的脱氧装置为真空脱氧塔。其结构如图7-12所示。脱氧塔为底锥圆柱形塔体，它的排气管与真空泵相连以造成真空。贵液从塔顶进液管进入塔内后，被木格条阻拦后泼溅成点状，以增大表面积有利于脱气。脱氧后的贵液由塔排液管流出，为使脱氧的贵液在塔内保持一定水平面，可由液位调节系统、蝶阀来完成这一任务。塔内真空度一般为680~720mmHg（1mmHg=0.133kPa），可使贵液含氧量降到0.5g/m^3以下。据报道两段脱氧设备可使贵液含氧量降至0.1g/m^3以下。

（4）锌粉置换作业及设备。锌粉置换作业分两部分，即锌粉添加系统和置换两部分。

锌粉添加要求添加量准确、均匀、连续，尽量避免锌粉氧化、受潮结块。锌粉添加是由锌粉加料机和锌粉混合器联合完成的。锌粉加料机有胶带运输机、圆盘给料机及各种振

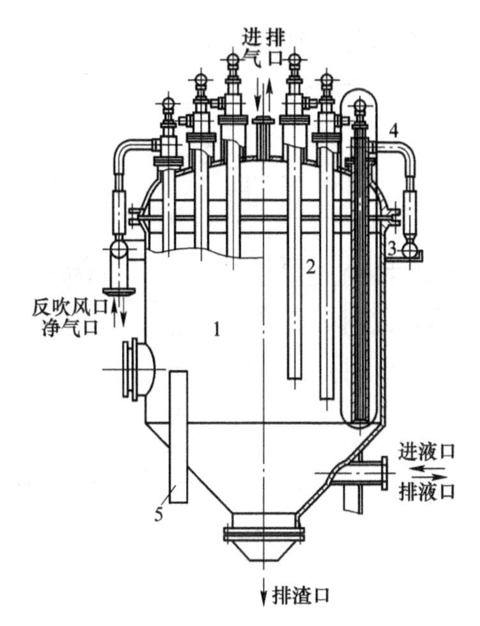

图 7-11　管式过滤器

1—罐体；2—过滤管；3—聚管流；4—连接支管；5—支架

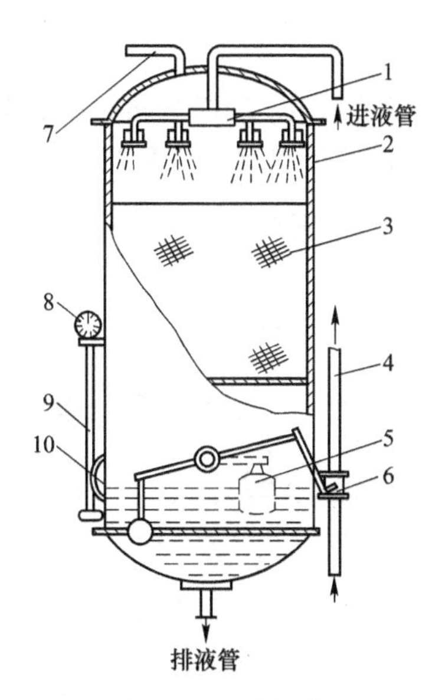

图 7-12　脱氧塔

1—淋液器；2—外壳；3—点波填料；4—进液口；5—液位调节系统；

6—蝶阀；7—真空管；8—真空表；9—液位指示管；10—人孔口

动式加料机。混合器有锥斗型混合器、底锥阀式混合器，要求带有液面控制装置。

锌粉置换：当锌粉加入贵液中置换反应立即开始，而由置换机完成最终的置换和金泥过滤。常用的置换机为板框式压滤机、置换过滤机或布袋置换器等。

净化、脱氧与置换三个作业在生产工艺安排中应连续进行，避免中间间断，贵液从净化装置到脱氧装置主要是靠真空抽吸而传送，而脱氧后的贵液由对空气密封的水泵扬送进入置换装置，整个锌粉置换系统对外部空气是个密闭系统，漏气将破坏该系统的正常工作。锌粉置换设备形象联系图见图7-13。

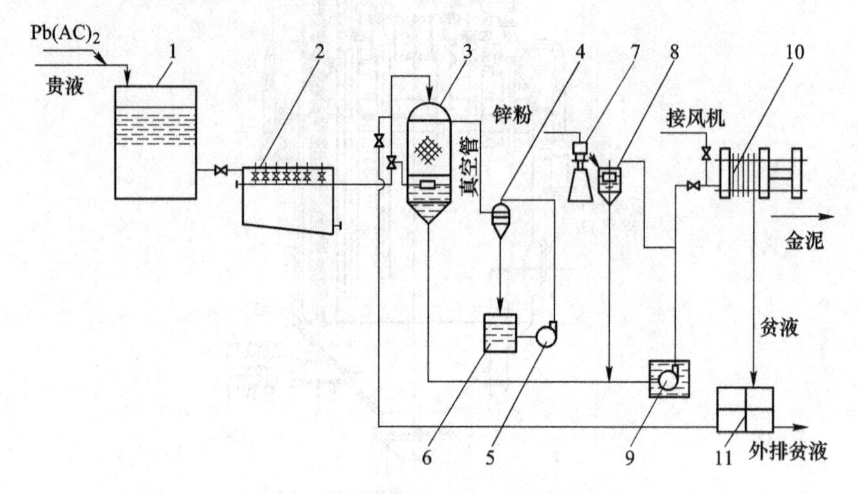

图7-13 锌粉置换设备形象联系图

1—贵液贮池；2—澄清槽；3—脱氧塔；4—水力喷射泵；5—水泵；6—水池；7—锌粉加料机；8—锌粉混合器；9—水封泵；10—板框压滤机；11—贫液池

7.3.5 锌粉置换生产实践

山东玲珑金矿氰化厂矿石经全泥氰化-固液分离获得的贵液进行锌粉置换。锌粉置换工艺流程如图7-14所示，工艺条件及技术指标见表7-3。

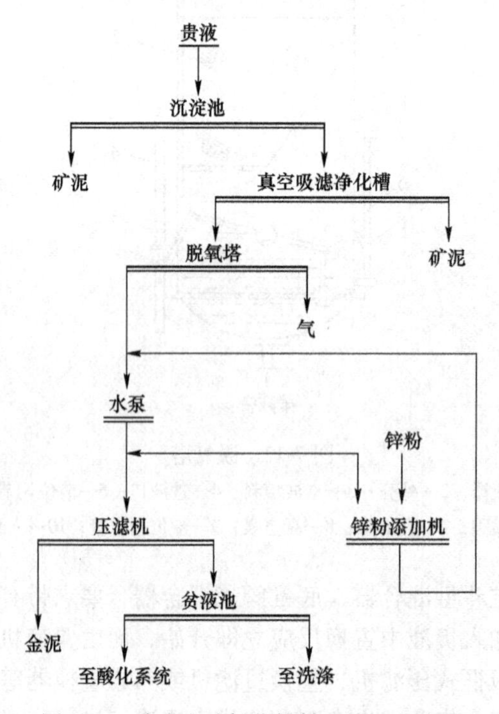

图7-14 玲珑金矿氰化锌粉置换工艺流程

浸出液先经 125m^3 的贵液沉淀池沉淀，使悬浮物由 300mg/L 左右降至 60mg/L 左右，然后进入 2 台 1.6m×2.1m×1.5m 板框式真空过滤器净化，使贵液悬浮物降到 5mg/L 以下，由真空吸入 ϕ1000×3500 脱氧塔脱氧。脱氧后氧含量可降到 1.5mg/L 以下。脱氧液用 GNL3-B 型立式离心水泵压入 BAJ20/635×25 型压滤机（2 台压滤机在生产中交替使用）。

表 7-3　玲珑金矿氰化厂锌粉置换工艺条件及技术指标

序号	项目名称	单位	工艺条件/技术指标
1	贵液量	$m^3 \cdot d^{-1}$	330
2	贵液 CN^- 质量分数	%	0.03~0.05
3	氧化钙质量分数	%	0.03
4	醋酸铅用量	$g \cdot m^{-3}$	5.5
5	悬浮物质量浓度	$g \cdot m^{-3}$	5
6	真空度	kPa	93~96
7	脱氧液氧质量浓度	$g \cdot m^{-3}$	1.5
8	锌粉用量	$g \cdot m^{-3}$	30
9	贵液金质量浓度	$g \cdot m^{-3}$	3.424
10	贫液金质量浓度	$g \cdot m^{-3}$	0.0283
11	金泥品位	%	7.992
12	金置换率	%	99.17

7.4　炭浆法提取金银

炭浆法是指从搅拌氰化的矿浆中使用活性炭将已溶金回收的方法。与锌置换沉淀法（CCD）相比，炭浆法具有适应性强、指标稳定、投资少等优点。其可处理泥质氧化矿石，可省去 CCD 工艺的固液分离作业，矿基建投资与生产费用相对较低，产出的金泥品位较高。炭浆法可分为以下两种：

（1）CIP（Carbon-In-Pulp）法：浸出后再吸附；

（2）CIL（Carbon-In-Leach）法：边浸边吸附。

7.4.1　活性炭吸附

7.4.1.1　活性炭的性质

（1）密度。

填充密度（γ）：$\gamma = \dfrac{m}{V_{空}+V_{孔}+V_{实}} \times 10^3$（kg/m^3）

式中　$V_{空}$——活性炭颗粒之间空隙的体积，m^3；

$V_{孔}$——活性炭内部的微孔体积，m^3；

$V_{实}$——活性炭实体的体积，m^3；

m——活性炭的质量，kg。

表观密度（ρ_s）：$\rho_s=\frac{m}{V_{孔}+V_{实}}\times 10^3(kg/m^3)$，可用汞置换法来测定。

真密度（ρ_t）：$\rho_t=\frac{m}{V_{实}}\times 10^3(kg/m^3)$，通常用 X 射线或氦、水、有机溶剂转换法来测定。

（2）比表面积。单位质量纯活性炭所具有的总表面（包括内部细孔）。用气相吸附法测定，通常用氮气在-195℃的等温吸咐曲线进行计算，活性炭的比表面积在 1000m²/g 左右。

（3）水分。活性炭一般根据干基定价的，但偶尔也规定含一些水率，如 3%、8%、10%。若在非密封而潮湿条件下，几个月内将吸收相当大的水分。含水 25%～30%时，表面看是干的。对含金溶液炭吸附，水分不影响吸附能力，但会减少实际炭量。在 110℃干燥 24h，可测其含水量。

（4）硬度、耐磨性。活性炭的硬度、耐磨性由生产炭的原料和加工过程的配料比决定。一般用果核、椰子壳等原料，生产的活性炭较耐磨。

（5）着火点。各种牌号的活性炭，着火温度是不同的，在 300～600℃之间，有的更高。

（6）活性炭的品种。粉末炭用于间歇吸附；不定性炭和定性炭用于吸附柱（静止吸附）、移动和流态吸附（炭浸和炭浆法）。不同品种活性炭如图 7-15 所示。

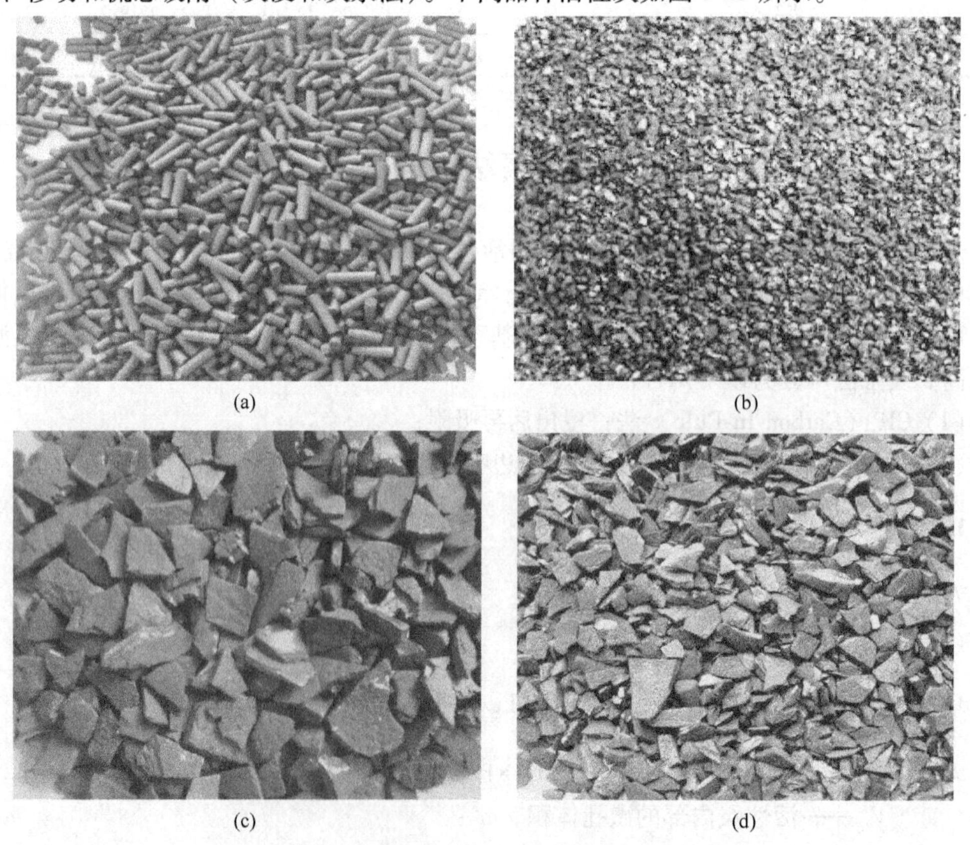

图 7-15　不同品种活性炭

（a）柱状活性炭；（b）净水颗粒活性炭；（c）果壳活性炭；（d）椰壳活性炭

7.4.1.2　活性炭吸附曲线

活性炭与含金浸出液呈吸附平衡时，金的吸附量与浸出液的含金品位（浓度）、操作温度、压力有关。若以 q 表示吸附量，T 表示温度，c 表示浓度（或压力），则有 $q=f(T,c)$ 来表示活性炭吸附公式，温度一定时，可得吸附平衡等温线。

当粉炭与含金溶液接触时，待吸附平衡时，吸附量为：

$$q = \frac{Q}{M} = V(c_0 - c_i)\frac{1}{M}$$

式中　q——单位质量的活性炭吸附的金量，g/g；

Q——活性炭吸附金的总质量，g；

M——活性炭投入的质量，g；

c_0，c_i——浸出液、吸附余液中含金品位，g/cm^3。

当采用金的质量浓度为 180mg/L、$CaCl_2$ 的浓度为 2.8g/L、KCN 的浓度为 0.5g/L 的初始液 300mL，在氮气氛围中加入活性炭 0.25g 条件下吸附，不同温度对活性炭吸附金的影响如图 7-16 所示。

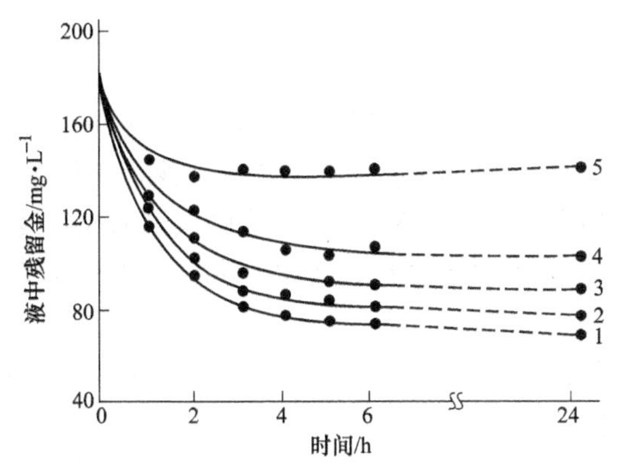

图 7-16　温度对炭吸附金的影响

1—30℃；2—40℃；3—50℃；4—60℃；5—80℃

从图 7-16 中可知，温度越高，溶液中残留的金就越多，即活性炭对金的吸附容量就越小。吸附时温度以 30℃左右为宜。

7.4.2　炭浆法生产过程

炭浆法生产过程：浸出矿浆的准备作业，氰化浸出，活性炭吸附，载金炭解吸，含金贵液电沉积金，脱金炭再生，浸出矿浆的处理（浸渣净化）。

（1）浸出前矿浆的准备作业。氰化浸出前首先对矿石破碎、磨矿，然后进行调浆、预先筛除木屑以及调整矿浆 pH 值等。磨矿细度为-200 目占 90%以上，浸出矿浆浓度为 40%~45%，调整 pH 值为 10.5~11.0。

（2）氰化浸出和吸附。采用 CIP 法浸出金、银时，一般需要 5~7 个氰化浸出槽，待浸出作业结束后再用专门吸附槽加入活性炭吸附已溶的金、银（一般用 4~6 个吸附槽）。采用 CIL 法浸出金、银时，一般需要 5~8 个氰化浸出槽，浸出和吸附都在浸出槽中进行。其工艺流程和设备联系图见图 7-17。

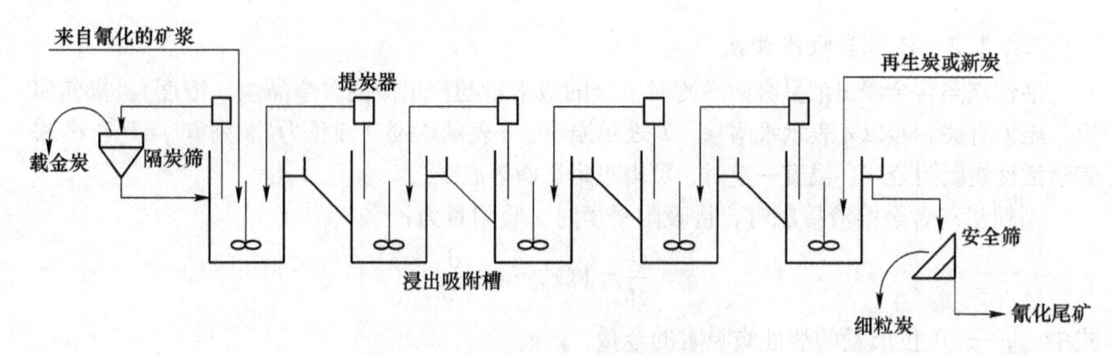

图7-17　炭浆法吸附工艺设备联系图

在生产过程中，氰化浸出矿浆给入第一个浸出槽，由最后一个吸附槽排出，经安全筛后成为氰化尾矿，而再生炭或新鲜炭由最后一槽加入，由提炭泵定期逐槽前移。最后将提出的炭经筛分洗涤成为载金炭送去电解沉积。在整个生产过程中，矿浆和活性炭是逆向流动。

7.4.3　炭浆法的主要工艺设备

（1）单层浓密机。磨矿分级得到的矿浆浓度偏低（一般在25%以下），达不到炭浆工艺的要求，必须经浓缩脱水后，方可进行生产。浸出前采用单层浓密机浓缩。

（2）除屑筛。一般选用30目（0.60mm）左右的滚筒筛或直线振动筛，安装在浓密机给矿或分级机溢流处。作用是除去大颗粒和杂物。一防止隔炭筛堵塞；二可能造成金的损失（炭质物料吸附已溶金）。

（3）炭浸槽。炭浸槽在CIL法中承担浸出和吸附双重作用。一般选用双叶轮中空轴进气机械搅拌炭浸槽。该设备具有容积大、功率小（3.7~17kW）、效率高，搅拌均匀（36~39r/min）、运转可靠等优点。双叶轮中空轴进气机械搅拌浸出槽如图7-18所示。

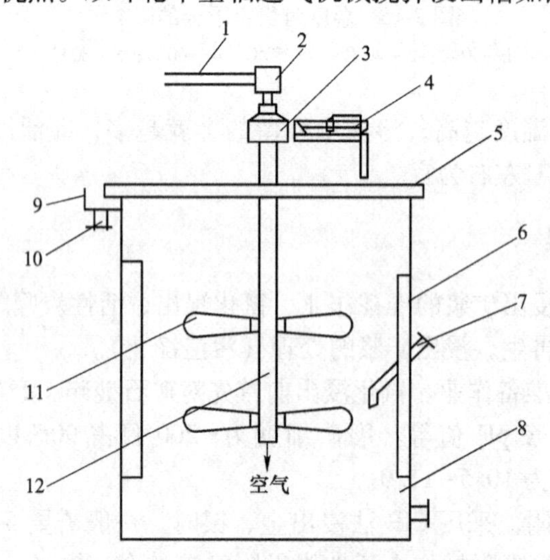

图7-18　双叶轮中空轴进气机械搅拌浸出槽

1—风管；2—空气转换阀；3—减速机；4—电机；5—操作台；6—导流板；
7—进浆管；8—槽体；9—跌落箱；10—出浆口；11—叶轮；12—中空轴

（4）隔炭筛。隔炭筛是实现活性炭逆向流动的主要设备，安放于炭浸槽（或吸附槽）内，一半在矿浆面上，一半在矿浆面下。隔炭筛有桥式和圆筒式两种。筛孔大小为0.60~0.85mm，活性炭粒度为1.18~3.35mm。

桥式隔炭筛是矿浆流向垂直筛面，易堵，安装高压气体喷嘴。目前，国内氰化厂使用的桥式隔炭筛如图7-19所示。圆筒隔炭筛的矿浆流向为放射状，经弯曲的筛网，不易堵。

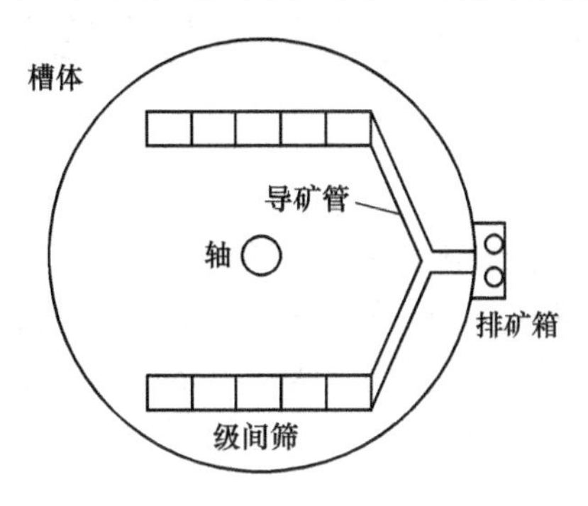

图7-19　桥式筛布置示意图

（5）提炭设备。提炭设备是把矿浆与炭一起泵送至前一槽。提炭设备有涡轮提升泵、射流泵和空气提升泵。

涡轮泵：属机械泵，叶片中心线与泵体中心线不重合，致使炭粒磨损较轻。

射流泵：内装有喷嘴，高压气体由管道输入，借助于高速气流形成负压，使炭浆被射入前一槽。

混合室提炭泵：安装在槽体内部，由空气和矿浆混合室1、浆气分离室2、气体输入管道3组成。结构简单，导矿管4下段的管壁上开出一个矩形或圆形的孔洞，在开孔的管段外面焊上一个直径比导矿管直径大两倍以上的封闭管套，管套再接上高压空气输入管3即构成了混合室。混合室提炭装置如图7-20所示。工作过程：在高压空气输入混合室，室内产生矿浆和空气的混合层，该混合层的密度小于室外矿浆的密度，产生静压差。静压差迫使室外矿浆从导管的下部开口进入混合室，进而将矿浆流导入矿浆和气体分离室，排出气体后的炭浆由管道5送入上槽。

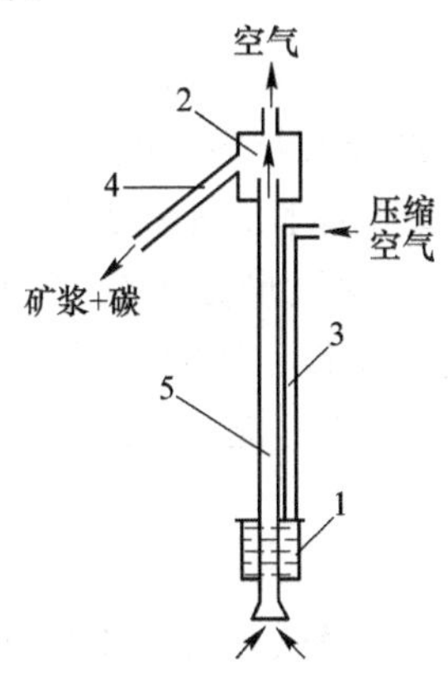

图7-20　混合室提炭装置图

1—混合槽；2—分离室；3—风压管；4—卸浆管；5—矿浆提升管

(6) 粉炭控制筛。粉炭控制筛安装在最后一槽的排矿端，主要防止载金的粉炭流失。粉炭控制筛有：直线振动筛、圆筒筛、平面固定筛。筛孔一般选用0.425~0.60mm之间。

粉炭：在CIP和CIL工艺中，由于机械搅拌作用和提炭泵的磨损，造成活性炭的粉末化，易透过隔炭筛损失在尾矿中。粉炭吸附能力更强，能吸附大量已溶金。

7.5　载金炭解吸与电沉积

7.5.1　载金炭解吸

载金炭及矿浆一起经提炭泵或空气提升器扬送到隔炭筛，在筛上用清水冲洗使炭与矿浆分离，炭自流到载金炭贮槽中，矿浆和冲洗水自流到第一段吸附槽中。

载金炭解吸有多种方法，但国内常用解吸法有常压解吸法、高温高压解吸法、解吸与电沉积同时进行。载金炭解吸与电沉积工艺流程如图7-21所示。

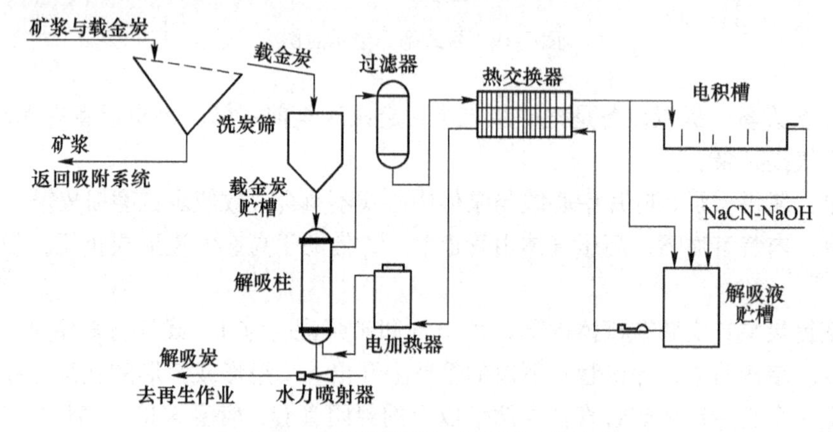

图7-21　载金炭解吸与电沉积工艺流程

(1) 常压解吸法。常压解吸法是用0.1%NaCN和1%NaOH溶液，在温度85~95℃常压条件下操作，将载金炭进行解吸，解吸时间一般为24~60h。该解吸法简单，投资及生产费用低，适于小规模炭浆厂生产使用。

(2) 加压解吸法。加压解吸法是用0.1%NaCN和0.4%~1%NaOH溶液，在温度135~160℃、压力350kPa条件下，载金炭解吸时间为2~6h。该加压解吸法可减少药剂消耗和载金炭的积存量，可减少解吸设备体积，但提高解吸压力和温度要增加设备费用。

(3) 酒精解吸法。载金炭解吸是用质量分数0.1%NaCN、1%NaOH和体积分数20%乙醇溶液，在温度80℃、常压条件下操作，解吸时间可减少到5~6h。该解吸法最大的优点是可以减小解吸设备体积；但乙醇易燃、危险性大，挥发损失会造成生产费用增加。

7.5.2　电沉积金银的机理

从载金炭上解吸下金、银贵液中以$Au(CN)_2^-$和$Ag(CN)_2^-$存在，电积过程中在阴极析出金、银，同时还由于水的还原而析出氢；在阳极析出氧，并发生氰根离子的氧化而析出二氧化碳和氮气。电极反应如下：

阴极反应：

$$Au(CN)_2^- + e = Au + 2CN^-$$

$$Ag(CN)_2^- + e = Ag + 2CN^-$$

$$2H^+ + 2e = H_2$$

阳极反应：

$$CN^- + 2OH^- - 2e = CNO^- + H_2O$$

$$CNO^- + 4OH^- - 6e = 2CO_2 + N_2 + 2H_2O$$

$$4OH^- - 4e = 2H_2O + O_2$$

阳极一般用不锈钢板、石墨等制成。用不锈钢板时，板面上应钻出许多孔，以利于电积液的流动。阴极常用材料有两种，一种是不锈钢棉（丝），另一种是炭纤维布片。研究表明：阴极采用炭纤维电解与钢棉相比，金析出速度快，电流密度小；炭纤维比钢锦用量少，易于洗脱沉积的电金粉，且可多次循环使用，具有明显优点。

7.5.3 载金炭解吸电沉积工艺流程及主要技术参数

（1）载金炭解吸与电沉积工艺流程。载金炭解吸与电沉积工艺流程如图 7-21 所示。对充填解吸塔的载金炭，先用清水清洗，以排出残酸和炭粒间的气体。开启加热器，使解吸液逐渐升温。解吸液由解吸塔顶部排出，进入过滤器滤去粉炭后进入换热器，再经加热器加热，又由塔底进入解吸塔，逐步升温，此循环为小循环（一般需 7~8 小时）。将解吸贵液冷却至 50℃以下，送电积槽进行电沉积。金沉积在阴极上，电积残液由电积槽排出后进入换热器预热，再流入加热器升温，最后进入解吸塔充作解吸液，此循环为大循环。

（2）载金炭解吸与电沉积主要技术参数。炭浆厂载金炭解吸、解吸贵液电沉积作业采用的主要技术参数如下：

解吸贵液：pH 值为 10~10.5，品位一般为 100~200g/m^3，密度为 0.95~0.965t/m^3。

常压解吸：温度为 85~95℃，解吸液为 1%~3% NaCN 和 1% NaOH，解吸时间为 24~48h。

压力解吸：温度为 135℃，解吸液为 1%NaCN 和 1%NaOH，解吸压力为 310kPa，解吸时间为 18~20h。

载金炭堆积密度：450~480kg/m^3。

解吸炭（贫炭）含金品位：50~100g/t。

电沉积：阴极数为 20/槽，电积液流量为 0.84L/s，电积液温度为 65~90℃，电积液停留时间为 34min，电流密度为 53.8A/m^2，电流强度为 1000A（直流），槽电压为 1.5~3V。

载金炭解吸率：>99%。

含金贵液电积率：>99.5%。

7.5.4 载金炭解吸电沉积主要设备

（1）解吸柱。解吸柱是载金炭解吸的关键设备，因解吸需要加压，解吸温度在 95~135℃，解吸液为碱溶液，因此，要求解吸柱为耐压、耐温、耐碱容器。解吸柱的结构如图 7-22 所示，解吸柱技术性能见表 7-4。

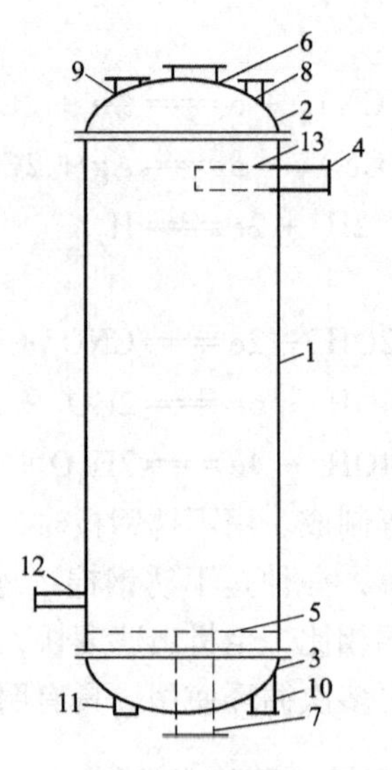

图7-22 解吸柱

1—柱体；2—上端盖；3—下端盖；4—贵液出口；5—底部筛；6—装炭口；7—排炭口；8—压力表接口；9—压力安全装置接口；10—解吸液进口；11—排液口；12—温度计接口；13—出口筛

表7-4 解吸柱技术性能

规格/mm×mm	技术条件			
	容积/m^3	设计压力/kPa	温度/℃	生产能力/$kg \cdot d^{-1}$
ϕ300×1200	0.1	100	100	150
ϕ500×3000	0.588	250	100	250
ϕ700×3800	1.46	250	100	500
ϕ700×4800	1.85	750	135	700
ϕ800×1650	1.0	100	100	300
ϕ900×4200	3.0	500	135	1000

（2）热交换器和电加热器。热交换器和电加热器结构如图7-23、图7-24所示。

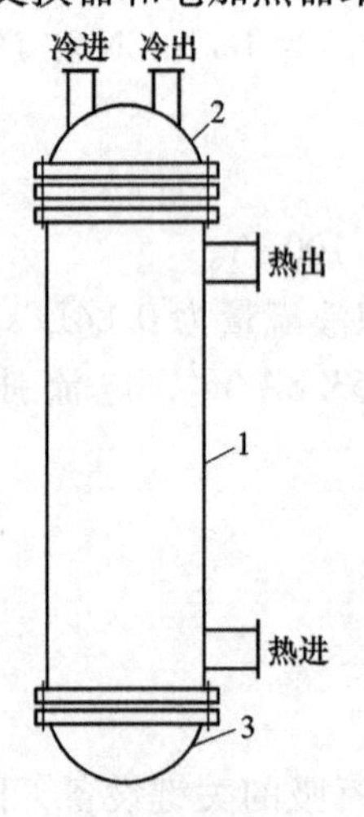

图7-23 管式热交换器

1—壳体；2—头盖；3—后盖

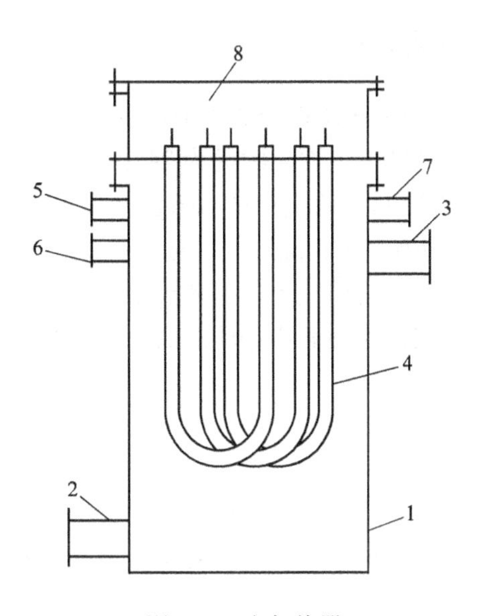

图 7-24 电加热器

1—筒体；2—液体进口；3—液体出口；4—电阻丝；
5—温度计接口；6—压力表接口；7—安全阀接口；8—接线盒

我国炭浆厂几乎都用电加热器来加热贵液，该电加热一般安装在解吸柱下方，以便停车时易于注满液体，以防烧坏。在设计中应加保护系统，温度和流量要自动控制，安装热交换器后，加热功率可减少 1/2~1/3。

（3）电积槽。常用的电积槽多为长方形，一个槽分成几个电积室。槽的上部加盖，平时上锁，以保证安全。

7.6 活性炭再生

在炭浆厂生产中，多次循环用于吸附、解吸后的活性炭含有大量钙、镁及一些有机物、贱金属，因而降低了炭的活性。用酸洗法可以去掉大量钙、镁离子，改善炭对金的吸附性能，但要恢复到最初的新鲜炭的活性则还需热再生，去掉吸附的有机物。

7.6.1 活性炭再生工艺

（1）酸洗工艺。解吸炭（贫炭）用人工或水力喷射器将其输送到解吸炭贮槽，再从炭贮槽自流到酸洗槽。在酸洗槽内用质量分数 5%的盐酸或硝酸对炭进行清洗，洗后将酸排入剩余酸贮槽，然后用清水清洗，洗水排放，再用稀的 NaOH 清洗，最后装满水。

炭酸洗后，经炭分级筛筛分，筛下细粒炭脱水贮存，合格炭（1. 18~3. 35mm）返回吸附回路再使用。

（2）热再生工艺。一般炭酸洗 3~5 次就得进行热再生。热再生有卧式和立式两种窑。在窑排料端进行窑外喷水冷却，然后进入水淬槽。

水淬后的炭进行筛分，筛下产品脱水贮存，筛上产品返回吸附回路再用。

7.6.2 活性炭再生主要技术操作条件

酸洗：酸质量分数为5%，NaOH质量分数为1%，酸洗时间为2.5~3h，室温。

热再生：再生温度为650~700℃，再生时间为24h。

炭分级筛上层4目，下层20目，筛上产率45%。

解吸后的炭夹带少量的NaCN，在酸洗过程中有少量HCN气体产生。往炭中加硝酸也会产生一氧化氮与二氧化氮气体。为防止上述气体放出，酸洗槽、酸洗残槽与酸洗涤器连通，可在洗涤器另一端抽风。洗涤器内有NaOH溶液，使HCN气体转化为NaCN，一氧化氮也被中和。

7.6.3 活性炭再生设备

炭再生主要是指活性炭经过解吸、酸洗后已经满足不了吸附能力的需求，需要经热再生窑再生。热再生窑有卧式和竖式两种。卧式热再生窑主要技术特性见表7-5。

表7-5 卧式再生窑主要技术特性

型号			BS-J81	BS-J54
筒体传动装置	摆线针轮减速机	型号	BW27-71	BW15-50
	箱电动机	速比	71	50
		型号	JZT-32-4	JZT-31-4
		功率/kW	3	2.2
		转速/r·min^{-1}	1200~120	1200~120
最大给料量/kg·d^{-1}			700	450
工作温度/℃			600~800	600~800
筒体可调角度/(°)			0~3	0~3
筒体转速/r·min^{-1}			0.35~3.5	0.35~3.5
电热体总功率/kW			81	54
窑的规格/mm×mm			ϕ460×5800	ϕ300×3800

7.6.4 炭浆法生产实践

以河北省张家口金矿炭浆厂为例。该矿属中温热液裂隙充填石英脉型矿床，矿石为贫硫化物含金石英氧化矿类型。主要金属矿物为褐铁矿和赤铁矿，其次为方铅矿、白铅矿、磁铁矿及少量的黄铁矿、黄铜矿以及自然金；脉石矿物以石英为主，其次有绢云母、长石、方解石、白云石等。绝大数自然金与金属矿物共生，其中以褐铁矿含金为主，其生产工艺流程如图7-25所示，工艺条件见表7-6，工艺指标见表7-7。

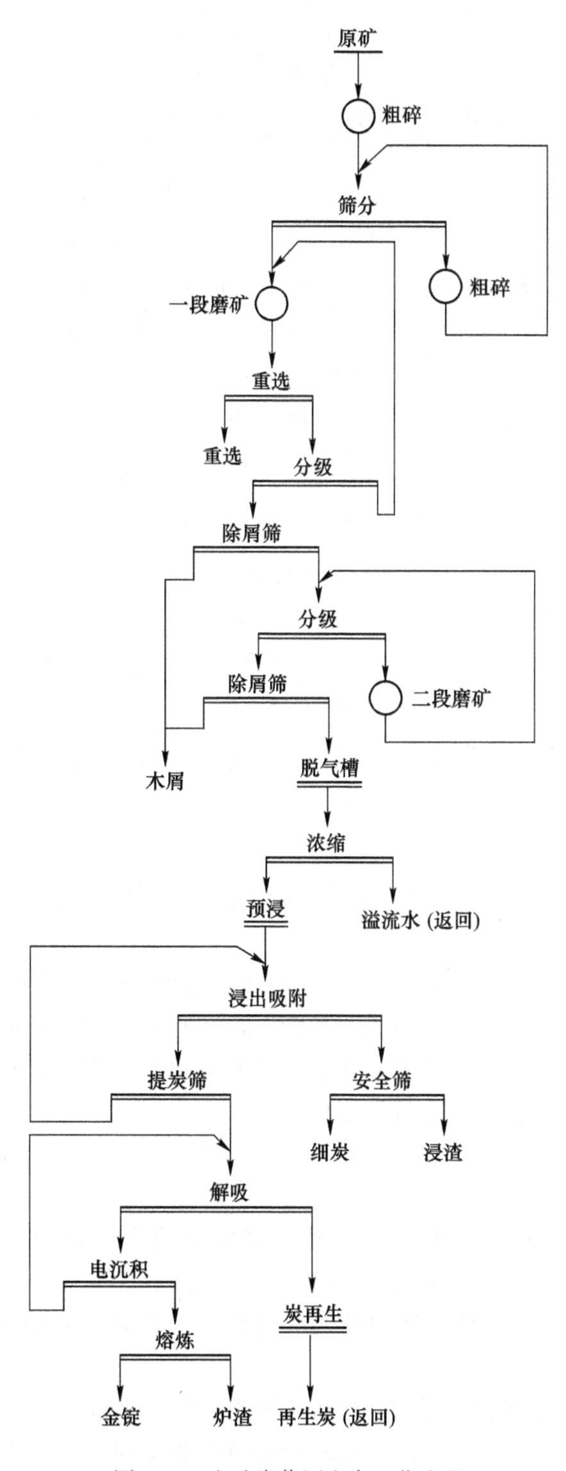

图 7-25 金矿炭浆厂生产工艺流程

表 7-6 金矿炭浆厂工艺条件

CIL（全泥氰化炭浆）系统							
预浸时间	矿浆浓度	充气量	pH值	NaCN浓度	炭浸时间	活性炭密度	串炭速度
4.1h	40%~50%	$0.23m^3/(h \cdot m^3)$	10.5~11	0.05%	14h	10~15g/h	700kg/t
活性炭解吸电沉积系统							
炭处理量	预热时间	解吸时间	解吸温度	解吸压力	解吸液成分	解吸液流速	电积槽阴极数
700kg/批	2h	18h	135℃	0.31MPa	1.0%NaOH 1.0%NaCN	0.84L/s	20个
解吸电沉积系统				活性炭酸洗作业			加热再生作业
电积时间	电积温度	槽电流强度	槽电压	硝酸浓度	火碱浓度	洗涤时间	再生温度
18h	60~90℃	1000A	1.5~3.0V	5.0%	10.0%	2.0h	一区 650℃
活性炭加热再生作业							
再生温度		再生气氛	再生时间	再生速度	给炭水分	炭冷却方式	炭再生周期
二区、三区 810℃		水蒸气	40min	25~35kg/h	40%~50%	水淬	3个月

表 7-7 金矿炭浆厂工艺指标

CIL（全泥氰化炭浆）系统				
原矿含金品位/$g \cdot t^{-1}$	浸渣含金品位/$g \cdot t^{-1}$	尾液含金品位/$g \cdot m^{-3}$	金浸出率/%	金吸附率/%
2.5	0.20	0.03	92.0	97.5
解吸电沉积系统				
载金炭品位/$g \cdot t^{-1}$	解吸炭品位/$g \cdot t^{-1}$	电积贫液品位/$g \cdot m^{-3}$	解吸率/%	电沉积率/%
2000~3500	50	6.0	99.8	99.9

7.7 树脂矿浆法提金

树脂矿浆法与炭浆法一样，都是当前世界上先进的无过滤提金技术。树脂矿浆法相比炭浆法，具有吸附速度快、吸附容量大、载金树脂解吸和解吸树脂再生容易、树脂耐磨性强、抗污染能力强等优点。树脂矿浆法提金工艺对处理黏土矿石和泥质矿石、含碳矿石、含砷矿石及含大量可溶盐类矿石有独到之处。

7.7.1 离子交换树脂分类

离子交换树脂是一种具有活性交换基团的不溶性高分子共聚物，包括高分子骨架、连接在骨架上的功能团、功能团上的可交换离子三部分，可交换离子又称活动离子，而结合于骨架的称为固定离子。当交换基团使用失效后，经过再生可以恢复交换能力，重复使用。

根据可交换离子可分为阳离子交换树脂和阴离子交换树脂两大类。阳离子交换树脂又可分强酸性和弱酸性离子交换树脂，阴离子交换树脂又可分强碱性和弱碱性离子交换树脂。

（1）强酸性阳离子交换树脂。强酸性阳离子交换树脂是指在交联结构高分子基体上带有磺酸基的离子交换树脂。若以 P 表示高分子基体，这种树脂可用 P—SO_3H 表示，它在水溶液中解离如下：

$$P-SO_3H \xlongequal{} P-SO_3^- + H^+$$

其酸性相当于硫酸、盐酸等无机酸。它在碱性、中性，甚至酸性介质中都显示离子交换功能。

（2）弱酸性阳离子交换树脂。弱酸性阳离子交换树脂是指含有成羧酸基、磷酸基、酚基的离子交换树脂，其中以含羧酸基的弱酸性树脂用途最广。含羧酸基的阳离子树脂和有机羧酸一样在水中解离程度较弱，在 $10^{-5} \sim 10^{-7}$之间，所以呈弱酸性。

$$P-COOH \xlongequal{} P-COO^- + H^+$$

它仅能在接近中性和碱性介质中才能解离，而显示离子交换功能。

（3）强碱性阴离子交换树脂。强碱性阴离子交换树脂以季胺基为交换基团的离子交换树脂，它在水中解离如下：

$$P—N^+\begin{cases}R_1\\R_2\\R_3\end{cases}OH^- \rightleftharpoons P—N^+\begin{cases}R_1\\R_2\\R_3\end{cases} + OH^-$$

其碱性较强而相当于一般季胺碱，它在酸性、中性、碱性介质中都可显示离子交换功能。

（4）弱碱性阴离子交换树脂。弱碱性阴离子交换树脂是指以伯胺、仲胺、叔胺为交换基团的离子交换树脂，它在水中解离程度很小而呈弱碱性，水中解离如下：

$$P-NH_2 + H_2O \xlongequal{} P-NH_3^+ + OH^-$$

这种树脂只在中性及酸性介质中才显示离子交换功能。

7.7.2　离子交换树脂的性质

（1）离子交换树脂粒度。离子交换树脂一般都是制作成球状，常用树脂颗粒大小为 0.3～1.20mm，也可用标准筛目数来表示。

（2）离子交换树脂密度及含水量。离子交换树脂密度表示法有两种：一种是含水状态时的湿视密度，另一种是湿真密度。湿视密度受树脂交联程度和交换基团性质的影响，带强酸性和强碱性基团的离子交换树脂比弱酸性和弱碱性基的树脂湿视密度高，大孔型树脂比相应的凝胶型树脂的湿视密度低。

离子交换树脂是亲水性高分子化合物，总是结合一定数量的水分，称含水分。含水分是用单位质量湿树脂的含水分数来表示的，含水量受它的交联度、化学基团的性质和数量及结合的反离子的影响。交联程度愈高，含水分愈低；树脂中极性化学基团愈多，交换容量愈高，结合水分就愈多。

（3）离子交换树脂交换容量。交换容量反映树脂对离子的交换吸附能力，可分成总交换容量、工作交换容量和再生交换容量。总交换容量表示单位量（质量或体积）离子交换树脂中能进行离子交换反应的化学基团总数；工作交换容量表示离子交换树脂在一定工作条件下对离子的交换吸附能力；再生交换容量是指解吸后的树脂经再生后的交换容量。

（4）离子交换树脂强度。离子交换树脂的强度是指在使用过程中，树脂球粒抵抗膨胀收缩作用和机械冲击作用的能力。强度低的树脂在以上作用下很快破碎。

（5）树脂的选择性。离子交换树脂的选择性是指树脂对不同离子交换吸附亲和性的差别。它的选择性不仅决定于树脂交换基团与离子间静电作用力的大小，而且与交联网络结构也起着重要的作用。

目前，采用树脂矿浆法生产的矿山，选用的一般均为大孔双官能团弱碱性阴离子交换树脂，对氰化溶液中金属络合离子的吸附顺序为：

$$Au(CN)_2^- > Zn(CN)_4^{2-} > Ni(CN)_4^{2-} > Ag(CN)_2^- > Cu(CN)_3^{2-} > Fe(CN)_6^{4-}$$

7.7.3 提金银的离子交换树脂类型

（1）弱碱性离子交换树脂。含仲胺基团的弱碱性离子交换树脂吸附金的交换反应如下：

$$P-N^+R_2HX^- + Au(CN)_2^- = P-N^+R_2HAu(CN)_2^- + X^-$$

$$P-N^+R_2HX^- + Ag(CN)_2^- = P-N^+R_2HAg(CN)_2^- + X^-$$

式中，P 表示树脂的骨架；NR_2 表示官能团。

（2）强碱性离子交换树脂。与弱碱性离子交换树脂不同，强碱性离子交换树脂可以在一个较宽的 pH 值范围内吸附金属的氰络离子，其吸附反应可如下：

$$P-N^+R_3X^- + Au(CN)_2^- = P-N^+R_3Au(CN)_2^- + X^-$$

$$P-N^+R_3X^- + Ag(CN)_2^- = P-N^+R_3Ag(CN)_2^- + X^-$$

7.7.4 载金银树脂解吸

（1）硫氰酸盐解吸法。载金树脂采用硫氰酸铵和氢氧化钠作为金、银的解吸剂。对于弱碱性离子交换树脂，氢氧化钠使其官能团转变成游离碱的形式，失去了离子交换性能；对于强碱性官能团，SCN^-与其有很强亲和力，使其无法再和金氰络合离子等进行离子交换。从而使载金树脂上将金、银及其他贱金属络合离子解吸下来。

弱碱性官能团解吸反应机理：

$$P-N^+R_2HAu(CN)_2^- + OH^- = P-NR_2 + Au(CN)_2^- + H_2O$$

$$P-N^+R_2HAg(CN)_2^- + OH^- = P-NR_2 + Ag(CN)_2^- + H_2O$$

强碱性官能团解吸反应机理：

$$P-N^+R_3Au(CN)_2^- + [SCN]^- = P-N^+R_3[SCN]^- + Au(CN)_2^-$$

$$P-N^+R_3Au(CN)_2^- + [SCN]^- = P-N^+R_3[SCN]^- + Au(CN)_2^-$$

（2）硫脲解吸法。载金树脂采用硫脲作为金、银的解吸剂。硫脲是一种可溶于水的有剂溶剂，它与盐酸或硫酸的混合物从阴离子交换树脂上解吸金、银的反应如下：

$$2P-N^+R_3Au(CN)_2^- + 2CS(NH_2)_2 + 2H_2SO_4 = [P-N^+R_3]_2SO_4 + [AuCS(NH_2)_2]_2SO_4 + 4HCN\uparrow$$

$$2P-N^+R_3Ag(CN)_2^- + 2CS(NH_2)_2 + 2H_2SO_4 = [P-N^+R_3]_2SO_4 + [AgCS(NH_2)_2]_2SO_4 + 4HCN\uparrow$$

（3）氰锌配合物溶液法。$Zn(CN)_4^{2-}$ 能够将负载的 $Au(CN)_2^-$ 从树脂上取代下来，反应如下：

$$2P-N^+R_3Au(CN)_2^- + Zn(CN)_4^2 = [P-N^+R_3]_2Zn(CN)_4^{2-} + 2Au(CN)_2^-$$

$$2P-N^+R_3Ag(CN)_2^- + Zn(CN)_4^2 = [P-N^+R_3]_2Zn(CN)_4^{2-} + 2Ag(CN)_2^-$$

硫氰酸盐解吸法、硫脲解吸法、氰锌配合物溶液法解吸效果比较见表 7-8。

表 7-8 硫氰酸盐解吸法、硫脲解吸法、氰锌配合物溶液法解吸效果比较

方法	优　点	缺　点
硫氰酸盐解吸法	解吸各种金属效果好，无腐蚀性和毒性，设备简单	树脂需要再生，辅助消耗较高
硫脲解吸法	与酸性相匹配，不需再生，速度快，材料消耗少	贱金属解吸差，酸性腐蚀严重
氰锌配合物溶液法	解吸各种金属的效果好，不腐蚀，树脂较易再生	需再生，辅助消耗高，速度慢

7.7.5 离子交换树脂的活化和再生

（1）离子交换树脂的活化。树脂在使用前必须进行预处理，主要是因为在生产过程中除有不溶的高分子组分外，还有一些在树脂形成反应中未反应的母体分子，以及在引入离子活性基团时因骨架部分裂解而生成的高分子裂解产物。由于这些产物在树脂上存在，因此作用前应使树脂充分的溶胀，并以酸、碱洗除杂质，然后再进行转型。

新树脂如果在运输、保存过程中失去水分变干，则必须经过食盐水的浸泡活化，以防止在水中膨胀后破裂。树脂经预处理转成所需离子型能起到活化树脂的作用。

（2）树脂的再生。在树脂解吸过程中，树脂失去了离子交换性能，因而需要重新活化再生，才能循环使用。解吸后的树脂经水洗后，放入再生槽加入稀盐酸进行再生处理，再生后用清水洗至中性。然后再用稀碱液处理，使树脂转型成氢氧根型，之后再用清水洗净，使其基本恢复到原来的性能，可返回流程中循环使用。

弱碱性反应：

$$P-NR_2 + HCl \longrightarrow P-N^+R_2HCl^-$$

$$P-N^+R_2HCl^- + OH^- \longrightarrow P-N^+R_2HOH^- + Cl^- \text{（转型）}$$

强碱性反应：

$$P-N^+R_3SCN^- + HCl \longrightarrow P-N^+R_3Cl^- + SCN^-$$

$$P-N^+R_3Cl^- + OH^- \longrightarrow P-N^+R_3HOH^- + Cl^- \text{（转型）}$$

7.7.6 树脂矿浆法生产实践

以安徽灌口铁帽型金矿为例。该金矿矿石中金属矿物主要为褐铁矿，少量赤铁矿、磁铁矿、黄铁矿等，非金属矿物主要为石英、长石、方解石等。金元素主要呈自然金形式存在，粒度相对较细，与褐铁矿嵌布关系密切。原矿多元素化学分析结果见表 7-9。

表 7-9 原矿多元素化学分析结果

元素	Au	Ag	Cu	Zn	S	As	Bi
含量（质量分数）/%	4.60	58.50	0.10	0.015	0.12	0.37	0.10
元素	Fe	Pb	CaO	MgO	SiO_2	Al_2O_3	TiO_2
含量（质量分数）/%	25.28	0.073	0.33	0.33	47.77	8.86	0.61

注：表中金、银单位为 g/t。

原矿石经两段一闭路破碎、两段全闭路磨矿，使磨矿产品粒度为-0.074mm 的占比至少为 90%。磨矿产品经浓密后用石灰调浆使 pH 值为 10.5～11.0，氰化钠用量为 1.5kg/t，氰化浸出时间为 18h，浸吸时间为 18h，树脂密度为 10kg/m³。浸出和吸附生产工艺流程见图 7-26，生产技术指标见表 7-10。

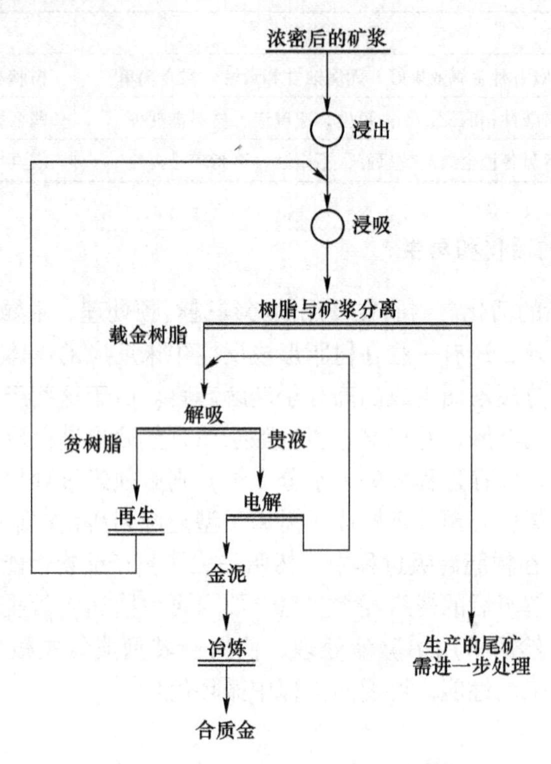

图 7-26　浸出和吸附生产工艺流程

表 7-10　金矿生产技术指标

磨矿细度 (-0.074mm)/%	原矿品位/g·t^{-1}		载金树脂品位/g·t^{-1}		解吸树脂品位/g·t^{-1}		尾渣品位/g·t^{-1}	
	Au	Ag	Au	Ag	Au	Ag	Au	Ag
90.06	2.65	51.10	4497.24	6298.94	56.18	91.30	0.20	21.10
浸出浓度 /%	尾液品位/g·t^{-1}		浸出率/%		吸附率/%		解吸率/%	
	Au	Ag	Au	Ag	Au	Ag	Au	Ag
28.33	0	0.02	92.45	58.71	100.00	99.86	98.75	98.55

复习思考题

7-1　什么是氰化浸出？

7-2　简述金银氰化浸出基本原理。

7-3　简述金氰化浸出的热力学与动力学的结论。

7-4　氰化浸出的影响因素有哪些？

7-5　氰化溶金的方法有哪些？
7-6　简述堆浸过程。
7-7　简述搅拌浸出过程。
7-8　简述锌置换原理及工艺条件。
7-9　锌丝置换法与锌粉置换法优缺点。
7-10　简述锌粉置换工艺流程。
7-11　提取金银活性炭的选取。
7-12　简述炭浆法生产过程及工艺流程设备。
7-13　简述电沉积金银的原理。
7-14　简述载金炭解吸与电沉积工艺流程。
7-15　活性炭为什么要再生？
7-16　简述活性炭再生工艺流程及操作条件。
7-17　树脂矿浆法提金对处理哪些金矿石有独到之处？
7-18　提金银离子交换树脂类型有哪些？

8　非氰化法提金方法

目前，世界上从含金、银矿石中提取金银的方法主要是氰化法。氰化法主要优点是生产指标稳定，工艺成熟，但缺点是浸金速度缓慢，溶解银更慢，增加药剂消耗和生产成本，氰化物是剧毒物质，对环境有危害。另外，对含有铜、砷、锑、铋、碲及碳质金矿石等有害杂质时，单一氰化工艺流程浸金很困难。现在非氰化提金方法有：酸性硫脲法、水溶液氯化法、硫代硫酸盐法、多硫化物法、丙二腈法及含溴溶液浸出法等，其中应用多的有硫脲法和水氯化法等。

8.1　硫脲法提金

早在 1941 年，前苏联的学者提出了金、银在硫脲溶液中氧化溶解的报告，但一直未引起足够的重视。直到 60 年代后期，世界各主要产金国才对硫脲浸金开展了大量的研究工作，并取得了实质性进展。硫脲提金法与氰化法相比，金、银的溶解速度快，试剂无毒，再生、净化工序简单，特别是适用于处理氰化法有困难的含有砷、锑、铋、碲及碳等复杂的金矿石。由于硫脲的价格较贵，其生产成本比氰化法高，致使工业应用上受到一定的限制。

8.1.1　硫脲的性质

硫脲又称硫代脲素，是一种白色而有光泽的菱形六面结晶体，味苦，微毒，无腐蚀作用。分子式为 $SC(CN_2)_2$，相对分子质量为 76.12，密度为 $1.405\times10^3 kg/m^3$，熔点为 180～182℃，温度更高时则分解。易溶于水，20℃时水中溶解度为 9%～10%，其水溶液呈中性。硫脲在水溶液中的存在状态，随温度和 pH 值不同而变化。

（1）碱性条件。硫脲在常温碱性溶液中不稳定，易分解为硫化物和氨基氰，反应式如下：

$$SC(NH_2)_2 + 2NaOH \longrightarrow Na_2S + CNNH_2 + 2H_2O$$

生成的氨基氰进一步分解变成脲素：

$$CNNH_2 + H_2O \longrightarrow CO(NH_2)_2$$

生成的硫化钠遇到金属阳离子（Ag^+、Cu^{2+}、Cd^{2+}、Hg^{2+}、Pb^{2+}、Fe^{2+} 等）生成硫化物沉淀。可见，硫脲在碱性矿浆中可浸出银、铜 、铅等矿物。

（2）酸性条件。硫脲在酸性溶液中具有还原性，本身可被氧化成多种产物。若在常温条件下，硫脲易氧化为二硫甲脒，其反应式如下：

$$2SC(NH_2)_2 \rightleftharpoons (SCN_2H_3)_2 + 2H^+ + 2e$$

二硫甲脒是活泼的氧化剂，可进一步分解为硫脲、氨基氰和元素硫，其反应式如下：

$$SC(NH_2)_2 = SC(NH_2)_2 + CNHH_2 + S$$

（3）高温条件下，在酸性和碱性溶液中会发生水解。硫脲在酸性和碱性溶液中，加热至60℃时均会发生水解，生成氨、二氧化碳和液态硫化氢，其反应式如下：

$$SC(NH_2)_2 + 2H_2O \xlongequal{\triangle} 2NH_3 + CO_2 + H_2S$$

由此可见，硫脲浸出时温度不宜过高。

8.1.2 硫脲浸出金、银原理

（1）金、银在硫脲液中的浸出反应。金、银在酸性硫脲液中的浸出反应，是属于电化学腐蚀过程，过程中必须有氧化剂参与，常用氧化剂为 Fe^{3+} 和溶解氧。金粒在含氧化剂的酸性硫脲液中是一个微电池，它的表面就有阴极区和阳极区，如图 8-1 所示。在阴极区（正极），氧化剂 Fe^{3+} 获得电子则还原为 Fe^{2+}；而在阳极区（负极），Au 则因氧化失去电子而生成 $Au(SCN_2H_4)_2^+$ 络离子，从而实现用硫脲浸出的目的。

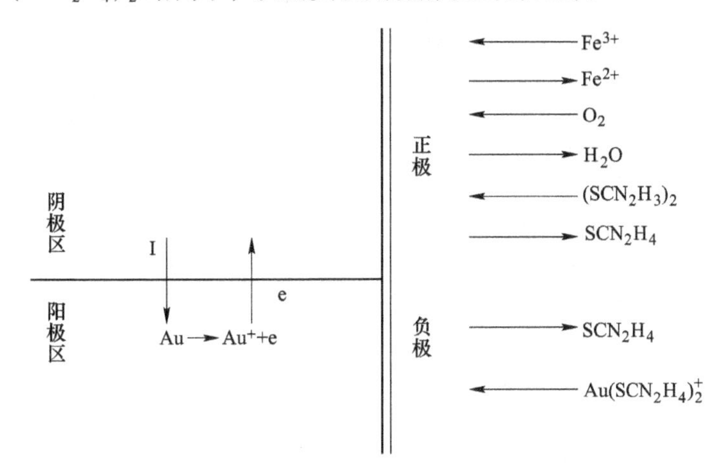

图 8-1 硫脲浸出的微电池反应

氧化剂为 Fe^{3+}，金、银酸性硫脲浸出的总反应式：

$$Au + Fe^{3+} + 2SCN_2H_4 = Au(SCN_2H_4)_2^+ + Fe^{2+}$$

$$Ag + Fe^{3+} + 3SCN_2H_4 = Ag(SCN_2H_4)_3^+ + Fe^{2+}$$

氧化剂为溶解氧，金、银酸性硫脲浸出的总反应式：

$$Au + H^+ + 2SCN_2H_4 + 1/4O_2 = Au(SCN_2H_4)_2^+ + 1/2H_2O$$

$$Ag + H^+ + 3SCN_2H_4 + 1/4O_2 = Au(SCN_2H_4)_3^+ + 1/2H_2O$$

（2）硫脲浸出的热力学。硫脲浸出的热力学反应式如下：

① $Au(SCN_2H_4)_2^+ + e = Au + 2SCN_2H_4$

$$E=0.38-0.118\lg\alpha_{SCN_2H_4}+0.0591\lg\alpha_{Au(SCN_2H_4)_2^+}$$

② $(SCN_2H_3)_2 + 2H^+ + 2e = 2SCN_2H_4$

$$E=0.42+0.0295\lg\alpha_{(SCN_2H_3)_2}-0.0591pH-0.0591\lg\alpha_{SCN_2H_4}$$

③ $O_2 + 4H^+ + 4e = 2H_2O$

$E=1.228-0.0591pH+0.0148\lg p_{O_2}=1.228-0.0591pH$（当 $p_{O_2}=101.325kPa$）

④ $2H^+ + 2e = H_2$　$E=-0.0591pH-0.0295\lg p_{H_2}=-0.0591pH$（当 $p_{H_2}=101.325kPa$）

电池电位是：

$$\Delta E=0.848-0.591\lg pH+0.148\lg p_{O_2}-0.0591\lg\alpha_{Au(SCN_2H_4)_2^+}+0.118\lg\alpha_{SCN_2H_4}$$

当溶液中：$\alpha_{SCN_2H_4}=\alpha_{(SCN_2H_3)_2}=10^{-2}mol/L$，$\alpha_{Au(SCN_2H_4)_2^+}=10^{-4}mol/L$时，计算绘制出25℃时Au(Ag)$SCN_2H_4$-$H_2O$系E-pH图，如图8-2所示。

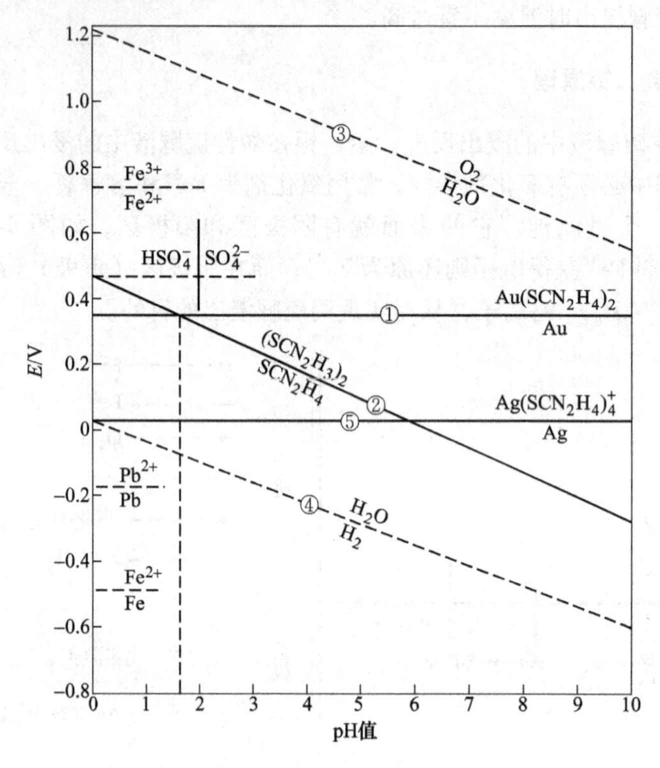

图8-2　25℃时Au(Ag)SCN_2H_4-H_2O系E-pH

从图8-2中看出：金浸出反应线①和硫脲生成氧化二硫甲脒的平衡线②相交于pH=1.68处。pH<1.68的范围内硫脲最稳定，二硫甲脒起氧化作用，对金、银溶解是有利的；但随着pH值增加，硫脲越不稳定，硫脲氧化为二硫甲脒的可能性越大，当pH大于1.68时，溶液中的硫脲氧化为二硫甲脒失去了氧化剂的作用，且溶液中的$Au(SCN_2H_4)_2^+$也可被硫脲还原为固体金，从而降低金的浸出率。工业生产中，一般将矿浆pH值控制在1.5左右，金的浸出率较理想。

（3）硫脲浸出的速度。硫脲浸出反应的速度与氰化浸出一样，受扩散速度的控制。当用氧做氧化剂，硫脲浸金时，可知氧和硫脲的扩散系数分别为$2.76\times10^{-5}cm^2/s$和$1.1\times10^{-5}cm^2/s$，可计算出最大浸出速度时硫脲与氧的反应浓度比值为：

$$\frac{[SCN_2H_4]}{[O_2]}=8\times\frac{2.76\times10^{-5}}{1.1\times10^{-5}}=20$$

从$\frac{[SCN_2H_4]}{[O_2]}$大于$\frac{[CN^-]}{[O_2]}$来看，硫脲浸金的速度比氰化浸金速度大得多。

在实际生产中，硫脲浸金的氧化剂除氧以外，可加入Fe^{3+}。Fe^{3+}与O_2混合做氧化剂效果更好。

实际证明：矿浆中Fe^{3+}的浓度以Fe的含量折算，含Fe在0.5~2g/L之间即可。

8.1.3　硫脲浸出的实践

我国某金矿矿石是含金黄铁矿石，主要金属矿物为黄铁矿和自然金，用浮选法得到金精矿，金精矿的物质组成见表 8-1。

表 8-1　浮选金精矿的物质组成

元素	Au	Ag	S	Cu	Pb	Zn	Fe
含量/%	63.4	166.7	20.45	0.70	0.35	0.84	22.73

注：表中 Au、Ag 单位为 g/t。

浮选金精矿经浓缩脱药进行酸性硫脲浸出，其浸出条件为：

磨矿细度：<0.043mm(80%~85%)；

液固比：2∶1；

矿浆 pH 值：1~1.5(硫酸调浆)；

硫脲用量：6kg/t；

浸出温度：25℃左右（室温）；

铁板：插入铁板 $3m^2/m^3$ 矿浆，并按 2h 吊出铁板自动刮洗金泥一次；

浸出、置换时间：35~40h。

硫脲浸出-铁板置换法工业试验指标见表 8-2。

表 8-2　硫脲浸出-铁板置换法工业试验指标

序号	浮选精矿金品位 /$g \cdot t^{-1}$	浸渣金品位 /$g \cdot t^{-1}$	金浸出率 /%	贵液金品位 /$g \cdot m^{-3}$	贫液金品位 /$g \cdot m^{-3}$	置换率%	金总回收率 /%
1	80.77	4.44	94.50	37.17	0.25	99.35	93.89
2	75.50	3.62	95.21	35.94	0.13	99.64	94.85

硫脲铁浆法金泥产出率通常为精矿的 1%，金泥含金只有 1%~5%。金泥含金品位低，故多采用火法熔炼或湿法冶金处理。

8.2　水氯化法提金

在氰化浸出前，氯化法在国外金矿已广泛应用，如澳大利亚和北美的某些金矿。氯化法易腐蚀设备，后逐渐为氰化法取代。20 世纪 50 年代后，腐蚀问题得到解决，又开始利用氯化法处理金泥、重选精矿，再后又采用浸金。氯化法提金速度比氰化法大两个数量级。

8.2.1　水氯化法浸金原理

（1）金、银在水氯化法中的浸出反应。金在饱和有 Cl_2 的酸性氯化物溶液中被氧化，形成三价金的络合物，以阴离子形式进入溶液，其化学反应方程式为：

$$2Au + 3Cl_2 + 2HCl = 2HAuCl_4$$

$$2Au + 3Cl_2 + 2NaCl = 2NaAuCl_4$$

在酸性溶液中，金能被氯化而生成 $AuCl_4^-$ 离子，溶解于溶液中。因此，在生产中矿浆中，不仅要有适宜的 pH 值（通常小于 4.5），而且还要有足够的氯离子。

对于银，首先是生成氯化银沉淀，然后与过量的氯化物形成络阴离子而进入溶液，其反应如下：

$$AgCl + Cl^- = AgCl_2^-$$

（2）硫脲浸出的热力学。矿浆中加入氯化物如氯气、氯化钠、漂白粉等时，其化学反应方程如下：

① $AuCl_4^- + 3e = Au + 4Cl^-$　$E = 0.986 + 0.01986\lg\alpha_{AuCl_4^-} - 0.0788\lg\alpha_{Cl^-}$

② $Au(OH)_3 + 4Cl^- + 3H^+ = AuCl_4^- + 3H_2O$　$pH = 7.75 - \frac{1}{3}\lg\frac{\alpha_{AuCl_4^-}}{\alpha_{Cl^-}^4}$

③ $Au(OH)_3 + 3H^+ + 3e = Au + 3H_2O$　$E = 1.457 - 0.0591pH$

④ $Cl_{2溶} + 2e = 2Cl^-$　$E = 1.36 + 0.0295\lg\frac{\alpha_{Cl_{2溶}}}{\alpha_{Cl^-}^2}$

⑤ $2HClO + 2H^+ + 2e = Cl_{2溶} + 2H_2O$　$E = 1.594 - 0.0591pH - 0.0295\lg\frac{\alpha_{Cl_{2溶}}}{\alpha_{HClO}^2}$

⑥ $HClO + H^+ + 2e = Cl^- + H_2O$　$E = 1.494 - 0.0295pH + 0.0295\lg\frac{\alpha_{HClO}}{\alpha_{Cl^-}}$

⑦ $ClO^- + H^+ + 2e = Cl^- + H_2O$　$E = 1.715 - 0.0591pH + 0.0295\lg\frac{\alpha_{ClO^-}}{\alpha_{Cl^-}}$

⑧ $HClO = ClO^- + H^+$　$pH = 7.5 - \lg\frac{\alpha_{HClO}}{\alpha_{ClO^-}}$

⑨ $O_2 + 4H^+ + 4e = 2H_2O$　$E = 1.228 - 0.0591pH$

⑩ $2H^+ + 2e = H_2$　$E = 0.0591pH$

当溶液中：$\alpha_{ClO^-} = \alpha_{HClO} = 6 \times 10^{-3}$ mol/L，$\alpha_{Cl^-} = 2$mol/L，$\alpha_{AuCl_4^-} = 10^{-2}$ mol/L，$p_{Cl_2} =$ 10.1325kPa 时，按上面反应式计算绘制出 $Au\text{-}Cl^-\text{-}H_2O$ 系和 $Cl_2\text{-}H_2O$ 系电位 E-pH 图，如图 8-3 所示。

从图 8-3 中可知：①和②线间的几何面积代表金浸出 $AuCl_4^-$ 的稳定区，当 pH 小于 9 时，该区面积大小取决于 Cl^- 和 $AuCl_4^-$ 两种离子的活度，提高 α_{Cl^-} 和减小 $\alpha_{AuCl_4^-}$ 可明显地增大 $AuCl_4^-$ 稳定性，可见生产中矿浆中要有足够的氯离子。①和⑨线相交于 pH 值为 4.5 处，可见矿浆 pH 值小于 4.5 时，水中的氧作为氧化剂可促进金的氯化浸出速度，使 $AuCl_4^-$ 处于稳定状态；当矿浆 pH 值大于 4.5 时，已溶的 $AuCl_4^-$ 可被 H_2O 还原成金属金并放出氧气使 $AuCl_4^-$ 稳定降低，从而降低氯化浸出度，因此，水氯法浸出的 pH 值应小于 4.5。

当氯气在水中呈强氧化剂，它在水中形成氯离子成为金的浸出剂和络合剂，同时也是氧化剂，它能直接将金浸出为 $AuCl_4^-$。

8.2.2 水氯法的浸出速度

水氯化法浸金时，一般来说氯既是浸出剂，又是氧化剂和络合剂，其影响氯化浸金速

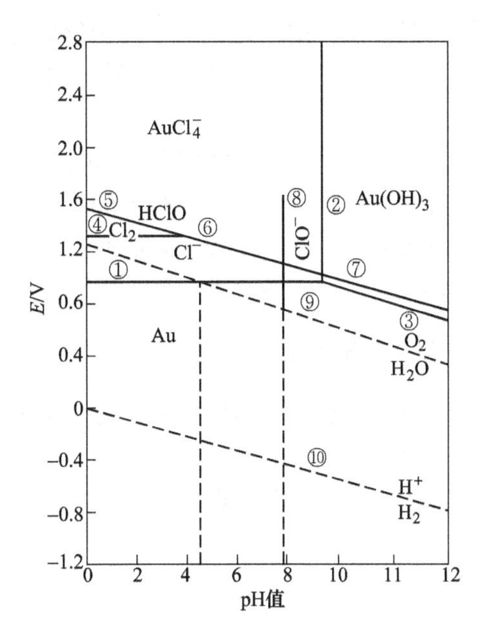

图 8-3 Au-Cl^--H_2O 系和 Cl_2-H_2O 系电位 E-pH 图

度。氯气在水中的溶解度与温度和加入方法有关，常温下直接加入溶解度不高；常温下用加氯机加氯效果好。氯气只有先大量溶于水，才能变成 Cl^-。矿浆中氯离子的浓度的大小直接影响氯化浸出速度，浸出速度随着氯离子的浓度增加而加快。在通常条件下，在氯气饱和的溶液中，氯离子质量浓度可达到5g/L。在生产中，为了提高矿浆中氯离子浓度，加快金的溶解速度，往往向矿浆中加入盐酸。矿石中含有铁、铜等矿物，对氯化是有利的，但含量不能太高。因为它们的存在，可加快金的氯化浸出速度。

8.2.3 水氯化法浸金生产实践

水氯化法处理含硫化物小于1%的物料很有效。若含硫化物大于1%，浸出率比较低，主要是由于黄铁矿与水介质中的气态氯相作用生成了亚铁离子促使已溶金再沉淀的缘故。

对某重选金精矿进行水氯化法浸金试验，在矿浆液固比3∶1，氯气用量20kg/t，氯化时间2h，获得金浸出率达98%。

南非有一座大型水氯化法处理重选金精矿的试验工厂，所用流程是：精矿在800℃下氧化焙烧脱硫后，将焙砂在通氯气的盐酸溶液中浸出，金的浸出率达99%。再从溶液中用 SO_2 还原沉淀金，用氯化铵溶液洗涤后的金粉，纯度达99.9%。

8.3 硫代硫酸盐法提金

氰化浸出法、酸性硫脲浸出法、水氯化浸出法等工艺对含铜较多浮选精矿以及一些渣中的金浸出效果不够理想，成本也较高，当采用硫代硫酸盐法进行处理时，浸出效果较为理想。

8.3.1 硫代硫酸盐浸出金、银原理

重要的硫代硫酸盐是硫代硫酸钠和硫代硫酸铵，两者均为无色或白色粒状晶体，它们

都能与许多金属，如金、银、铜、铁、铂、钯、汞等离子形成配合物。硫代硫酸盐溶金、银的原理是金、银与硫代硫酸根反应生成配合物，从而达到将金、银浸出的目的，其化学反应式如下：

$$4Au + 8S_2O_3^{2-} + 2H_2O + O_2 = 4Au(S_2O_3)_2^{3-} + 4OH^-$$

$$4Ag + 8S_2O_3^{2-} + 2H_2O + O_2 = 4Ag(S_2O_3)_2^{3-} + 4OH^-$$

若有铵，少数银也会成为银铵配合物，其化学反应如下：

$$4Ag + 8NH_3 + 2H_2O + O_2 = 4Ag(NH_3)_2^+ + 4OH^-$$

8.3.2 硫代硫酸盐浸出金、银的影响因素

（1）加药种类。目前有两种加药法：一是用氨水和硫代硫酸钠的混合溶液；另一种是直接用硫代硫酸铵直接浸出。前者成本较低，后者成本高；但后者浸出率较前者高7%～10%左右，尤其对含铜量高达20%的含铜精矿更有效。

（2）矿浆中铜离子浓度。铜离子浓度对金、银的硫代硫酸盐浸出有显著的影响。图8-4是铜精矿的氨氧化浸出渣中金、银的硫代硫酸盐浸出时，Cu^{2+}浓度的大小对金、银浸出率的影响曲线。

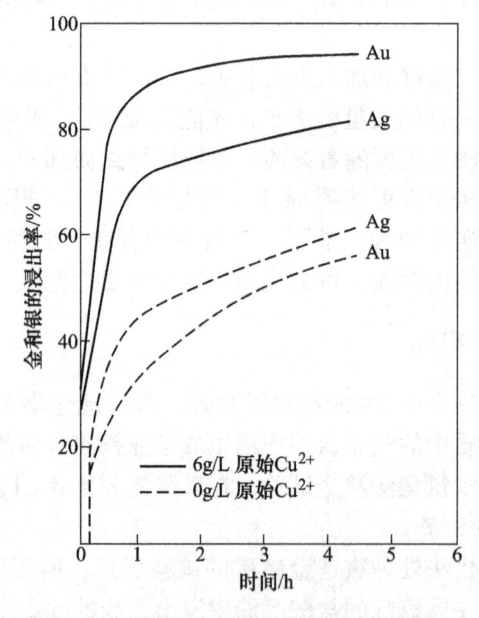

图8-4 Cu^{2+}浓度对金、银浸出率的影响

从图8-4中可以看出，Cu^{2+}的存在能提高金、银的浸出率，Cu^{2+}浓度在为6g/L左右时，金浸出率可达94.0%，银的浸出率可达84.7%。

（3）矿浆中固体质量浓度的影响。试验条件：温度为50℃，$(NH_4)_2S_2O_3$浓度为100g/L，原始Cu^{2+}浓度为4.50g/L，pH值为9.5～10.0，浸出气氛为氮气，在氮气气氛下搅拌。图8-5显示出矿浆中固体质量浓度为200g/L、400g/L、600g/L时对硫代硫酸盐浸出金、银的影响。

从图8-5可以看出，随着矿浆中固体质量浓度的增加，金、银浸出率有所上升。其主

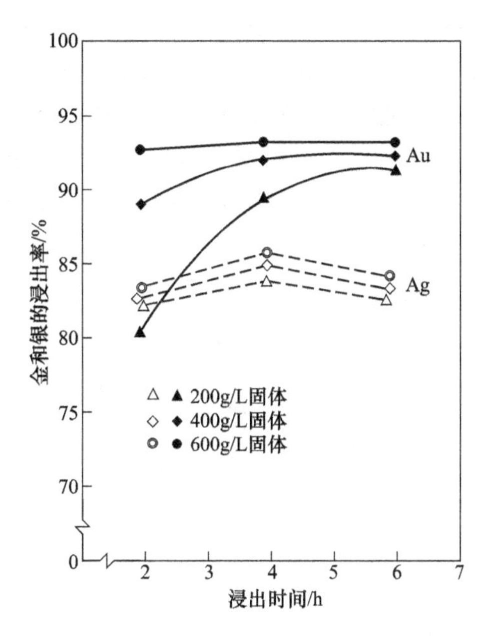

图 8-5 矿浆中固体质量浓度对金、银浸出率的影响

要原因是矿浆中 Cu^{2+}浓度随着矿浆中固体质量浓度的增加而增加，导致金、银的浸出率上升。

（4）温度的影响。试验条件：固体含量为 400g/L，$(NH_4)_2S_2O_3$ 浓度为 100g/L，原始 Cu^{2+}浓度为 4. 50g/L，pH 值为 9. 5~10. 0，浸出气氛为氮气，在氮气气氛下搅拌。图 8-6 显示出温度对硫代硫酸盐浸出金、银的影响。

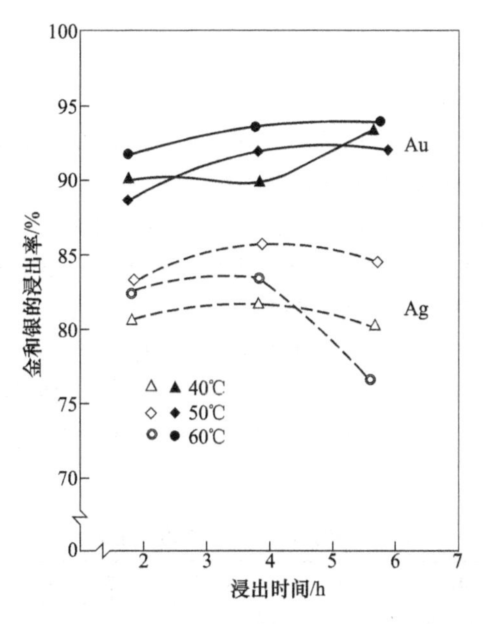

图 8-6 温度对硫代硫酸盐浸出金、银的影响

图8-6看出：温度从40℃提升至60℃，明显地改善了金的浸出率。但高温却使Ag的浸出率下降，原因是已溶银在高温下又被沉淀了。处理含金矿石，矿浆适宜温度为60℃左右，处理含银多的金矿石，矿浆适宜温度为50℃，超过65℃则不利于浸出。

（5）硫代硫酸铵的浓度。试验条件：温度为50℃，固体含量为400g/L，原始Cu^{2+}浓度为4.50g/L，pH值为9.5~10.0，浸出气氛为在氮气气氛下搅拌。图8-7显示出硫代硫酸铵的浓度对浸出金、银的影响。

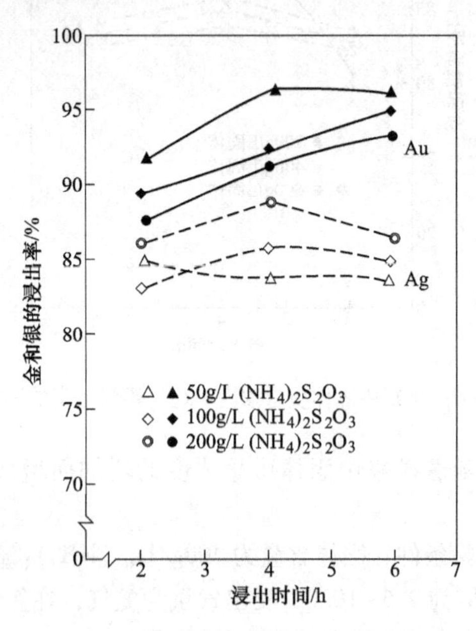

图8-7　硫代硫酸铵对浸出金、银的影响

图8-7看出：硫代硫酸铵浓度由50g/L增到200g/L时，金浸出率略降低。浸出6h后，金浸出率由96%降为92.7%；但银的浸出率有一定改善，浸出4h，银浸出率由83.5%提高到88.7%；浸出6h后，由83.5%提高到85.8%。可见，硫代硫酸铵浓度对金、银浸出的影响是不同的，适宜的用量必须由试验来确定。

（6）浸出时间。从图8-4至图8-7中可以看出各种条件下都有合适的浸出时间。时间短，浸出曲线处于上升阶段，时间过长则又到曲线平缓区。试验证明，浸出时间在2.5~4h时间内比较合适，比氰化浸出时间短的多。

（7）氨的影响。为了满足$Cu(NH_3)_4^{2+}$的需要，矿浆中必须有足够的游离氨的存在。对金来说，少量过剩的氨和pH为10~10.5之间较好；对银来说，pH最好控制在9.0~9.5之间。

（8）浸出气氛的影响。以黄铜矿浸出为例，试验条件见表8-3，黄铜矿浸出时原始Cu^{2+}浓度和浸出气氛对金浸出率的影响见表8-4。

表8-3　黄铜矿浸出气氛的试验条件

浸出气氛	温度/℃	pH值	$(NH_4)_2S_2O_3/g \cdot L^{-1}$	精矿/$g \cdot L^{-1}$	Cu品位/%	金品位/$g \cdot t^{-1}$
氮气搅拌	50	9~10	130	400	25.3	5.85
压缩空气搅拌	50	10~10.5	100	400	24.3	5.22

表 8-4 黄铜矿浸出时原始 Cu^{2+} 浓度和浸出气氛对金浸出率的影响

氮气搅拌				空气搅拌			
可溶铜/g·L⁻¹			金浸出率/%	可溶铜/g·L⁻¹			金浸出率/%
开始	终点	变化		开始	终点	变化	
0.57	0.39	-0.18	11.7	0	0.66	+0.68	55.4
1.44	2.21	+0.77	68.6	0.98	2.05	+1.07	92.3
2.87	5.52	+0.65	86.2	2.95	4.15	+1.20	96.8
4.30	5.13	+0.83	91.5	4.97	6.37	+1.40	97.0

由表 8-4 可见：在氮气中搅拌浸出时，Cu^{2+}浓度影响很大，要使金浸出率达 90%以上，$[Cu^{2+}]$为 3~5g/L；在空气中搅拌浸出时，由于有氧存在，$[Cu^{2+}]$较小条件下，可获得较好的金浸出率。空气中金的浸出率比氮气中浸出率高 6%~9%左右。

8.3.3 硫代硫酸盐浸出实践

某含硫金精矿矿样，经鉴定主要为黄铁矿，还有少量黄铜矿，这两种矿物都含有金。矿样的主要元素化学分析结果见表 8-5。

表 8-5 含硫金精矿中主要元素化学分析结果

元素	Au	Ag	S	Cu	Fe
含量/%	68.6	34.1	38.5	0.17	33.6

注：表中 Au、Ag 单位为 g/t。

对该金精矿分别采用了硫代硫酸钠和硫代硫酸铵溶液浸出，浸出试验条件及试验结果见表 8-6。

表 8-6 分别采用硫代硫酸钠和硫代硫酸铵溶液浸出试验条件及试验结果

浸出条件①	浸出方式	$c(Na_2S_2O_3)$ /mol·L⁻¹	$c[(NH_4)_2S_2O_3]$ /mol·L⁻¹	$c(NH_3)$ /mol·L⁻¹	液固比	$c(Cu^{2+})$ /g·L⁻¹	浸出率/%		
							Au	Ag	Cu
硫代硫酸钠	机械搅拌，50℃	1.0	—	1.5	2∶1	1	93.6	82.1	5.8
硫代硫酸铵	机械搅拌，50℃	—	1.0	0.6	2∶1	1	94.5	67.2	35.0

①硫代硫酸钠浸出要加入 0.1mol/L 的 Na_2SO_4，硫代硫酸铵浸出要加入 0.1mol/L 的$(NH_4)_2SO_4$。

表 8-6 浸出试验结果可以看出两者浸出均获得较高的金浸出率，不同的是铜的浸出率相差较大。采用硫代硫酸钠溶液浸出时铜的浸出率较低，因此，在浸出过程中需要不断向浸出体系中补充铜离子。采用硫代硫酸铵溶液浸出时，铜的的浸出率较高。

复习思考题

8-1 常见的无氰浸金有哪几种？它们与氰化浸金主要的区别是什么？

8-2 硫脲浸金为什么要比氰化浸金速度快？

8-3 硫代硫酸盐浸出金、银的影响因素有哪些？

9 难处理金矿石的提金方法

易浸的含金矿石或金精矿通常用氰化法来处理回收金。随着金矿大规模开采，易浸的矿石资源日益减少，储量大、浸染粒度细、含杂高的难浸金矿石将成为今后黄金工业的主要矿产资源。据不完全统计，中国已探明的黄金储量中，有近30%为难处理金矿石。矿石的难浸性主要表现如下：

（1）金以细粒包裹于矿石颗粒中；难以用磨矿方法使金暴露。

（2）矿石中存在“不可见”金；金的粒度极细（小于5μm）或进入砷黄铁矿等的晶格中。

（3）矿石中含有“劫金碳”；碳质吸附已溶金而造成损失。

（4）矿石中含有对氰化有害的杂质；如碲、锑、砷、铜、硒和铅等易在金表面形成膜，降低金的溶解速度，与保护碱反应等。

（5）矿石中的某些矿物或元素影响了金溶解化学过程。

从上述这类矿石中有效地提取金，必须先对矿石进行预处理。难浸矿石的预处理的目的在于破坏金的包裹矿物、“劫金碳”以及对金氰化有害的杂质。

难浸矿石的预处理方法较多，主要有焙烧、加压氧化、生物氧化、硝化氧化和超细磨等等。

9.1 焙烧预处理工艺

焙烧法对难浸金矿石进行预处理以提高金的氰化浸出率已经得到广泛的应用。焙烧工艺主要适用于多硫化物含金矿石，主要因为该类矿石中往往含有黄铁矿、磁黄铁矿、毒砂等，硫和砷的含量很高，不适于直接进行氰化浸出。此类矿石可采用预先氧化焙烧原矿或经浮选富集的精矿，再氰化处理可获得较理想的效果。根据物料特性，焙烧分精矿焙烧和原矿焙烧；按作业方式分一段焙烧和二段焙烧。

按照焙烧过程的主要化学反应，大致可分为以下四种焙烧：

（1）还原焙烧：将金属氧化物用还原剂（CO、H_2、C等）在焙烧过程中还原为金属或低价金属氧化物。

（2）氯化焙烧：将金属氧化物或硫化物用氯化剂（Cl_2、NaCl、$CaCl_2$等）在焙烧过程中转化为氯化物。

（3）氧化焙烧：将金属硫化物在氧化气氛中进行焙烧，使金属硫化物中硫化物和砷等脱除，生成相应的氧化物或酸盐。硫化物经焙烧后，完全变成氧化物的焙烧称为氧化焙烧，生成硫酸盐称为硫酸化焙烧。

（4）熔解（煅烧）：使碳酸盐或硫酸盐高温分解，使其生成氧化物及驱除结晶水与吸湿水的热解离过程。

对于铁、铜、钴、镍等矿石，上述几种方法均有应用；而对于金矿石而言，氧化和氯化两种焙烧方法应用较多，用于大规模工业生产，处理难浸矿石的主要方法还是氧化焙烧。

9.1.1 焙烧的基本原理

氧化焙烧是通过氧将矿石或金精矿中的硫、砷等对氰化有害的杂质氧化，使其变成相应的氧化物，将包裹于硫化物中的金暴露出来。

（1）黄铁矿焙烧过程发生反应：

氧不足时：

$$3FeS_2 + 8O_2 \longequal Fe_3O_4 + 6SO_2 \uparrow$$

氧充足时：

$$34FeS_2 + 11O_2 \longequal 2Fe_2O_3 + 8SO_2 \uparrow$$

焙烧产生红棕色 Fe_2O_3 为多孔性焙砂，可使硫化物包裹金暴露，易于金的氰化浸出。用焙烧炉排出的烟气中的 SO_2 必须加以回收，其反应式为：

$$2SO_2 + 2H_2O + O_2 \longequal 2H_2SO_4$$

（2）砷黄铁矿焙烧过程发生反应：

氧不足时：

$$2FeAsS + 5O_2 \longequal Fe_2O_3 + As_2O_3 + 2SO_2 \uparrow$$

氧充足时：

$$2FeAsS + 6O_2 \longequal Fe_2O_3 + As_2O_5 + 2SO_2 \uparrow$$

若矿石或金精矿中存在碱金属氧化物（如 CaO）时，会使焙烧过程中产生的 SO_2、As_2O_3 或 As_2O_5 与之反应生成硫酸盐（或亚硫酸盐）和砷酸盐（或亚砷酸盐），其反应式为：

$$2CaO + 2SO_2 + O_2 \longequal 2CaSO_4$$

$$4CaO + As_2O_3 + O_2 \longequal Ca_3(AsO_4)_2$$

总之，硫化物在焙烧过程中可产生 SO_2、As_2O_3 或 As_2O_5，从炉气中排出，达到脱硫、脱砷的目的。若原料中存在碱金属氧化物，会以硫酸盐或砷酸盐的形式滞留于原料中，但它们改变了化合形态。

9.1.2 焙烧的影响因素

（1）温度。焙烧的炉温太低，则氧化不完全；温度太高，则产生烧结，影响下一步氰化浸出。炉温应根据焙烧物料的具体条件而确定，一般温度控制在500~1000℃之间。

（2）焙烧气氛中氧的浓度。焙烧气氛中氧的浓度也根据具体物料性质而确定。对于单一硫化铁（不含砷）矿物，氧浓度越高，硫的氧化程度越高，脱硫率也越高。若原料中存在砷，则在焙烧中容易生成 As_2O_5，而使脱砷率下降，应控制气氛中氧的浓度，必要时可往炉料中加入少量还原剂。

（3）气体流量。气体流量的大小将直接影响炉气中的含氧量的多少。流速大，则气氛中含氧量多，反之，含氧量少。随着气体流速增大，沸腾炉中炉料的沸腾程度增强，焙烧时间缩短。若流速增加过大，会造成排出的炉气中粉尘含量增加，使某些没有氧化的部分颗粒排出沸腾炉。

（4）原料成分。原料成分直接影响焙烧的工艺条件。如果原料中含砷，不可在较高温度下直接焙烧，会造成金的损失。对于含砷物料，在高于700℃温度下焙烧，砷与金生成了低沸点的砷-金合金而挥发；当温度低于650℃，含砷矿物分解挥发出砷，不产生砷-金合金而大量挥发。

9.1.3　焙烧设备

（1）竖炉。竖炉适用于块度为20~70mm的块矿或由粉矿制成的直径为10~15mm的球团矿。竖炉从上而下炉内分为预热带、加热带和反应带三个工作带。

（2）多膛炉。多膛炉是一种古老的适用于粉状矿物原料焙烧的设备，它是一系列由下而上重叠的圆形炉膛。多膛炉炉气与炉料的接触面有限，焙烧过程长，生产率低。

（3）回转炉。回转炉也称回转窑，它是中空卧式圆筒形的焙烧设备，略倾斜于水平面，绕纵轴旋转，炉料沿轴向借坡度的作用、窑的转动及炉料的推力缓慢向前运动，窑的长度从几十米至百米不等，直径2~6米不等。回转炉可处理粉状、小块状或球团物料。特点是易于控制温度和气氛，操作简单，但生产率和热效率低。

（4）沸腾炉。沸腾炉适合焙烧粉状物料，气固接触面积大，因而生产效率高，脱硫、脱砷效率较高，设备结构简单。沸腾焙烧属于流态化焙烧，固体矿粒在上升气流的作用下呈悬浮状态存在，整个床层组成气、固两相的沸腾层，传热效应显著，焙烧反应迅速而彻底。

9.1.4　焙烧法实践

某矿经浮选工艺获得的混合金精矿，主要元素的化学分析见表9-1。

表9-1　某浮选混合金精矿中主要元素化学分析结果

元素	Au	Ag	Cu	Pb	Fe	S
含量（质量分数）/%	39.1	187.5	6.8	0.65	42.1	38.5

注：表中Au、Ag单位为g/t。

由上表知：混合金精矿中由于铜、硫含量较高，用氰化直接浸出效果不理想。若用浮选进行铜硫分离，得到硫精矿含金6g/t，直接浸出的产量欠佳，不能全面回收原矿中的金、银等贵金属。因此，采用焙烧法预处理。焙烧产生烟气经除尘后，送去制硫酸，烧渣和烟尘组成焙砂。

焙砂再磨至粒度小于0.045mm的颗粒占70%，加入1%~8%的氯化钙制成直径8~12mm的球团。该球团在250~300℃条件下干燥至含水份小于1%，送入回转炉进行高温氯化焙烧（挥发）。挥发的温度控制在1050~1080℃，球团在窑内停留时间大约为90min，此时炉内金、银、铜、锌、铅等金属及化合物皆以氯化物状态挥发出来。挥发出来的金氯化物在高温下不稳定，很快又分解成单体金，随烟气逐渐分解沉积下来。从回转炉排出的球团中主要金属为铁，铁品位可达58%左右，可作为高炉炼铁原料。

回转炉排出的氯化烟气经捕收可得到干尘、湿尘和收尘溶液。干尘中的金属含量较原料低，将返回重新团矿。湿尘经焙烧脱炭后，用硫酸浸出铜，铜的浸出液与收尘溶液合并后去提取金属铜。硫酸浸出渣用 NaCl 进行水氯法浸出 Ag 和 Pb，Ag 和 Pb 的浸出率都达98%以上。浸出液中 Ag 采用铅板置换，在 70~80℃条件下进行 2h，可获得品位高于 85%的海绵银，置换率达 99%，再在 1000~1050℃条件下加硼砂进行熔铸，可得品位大于 95%的银锭。铅板置换后液体在 70~80℃温度下用 Na_2CO_3 沉铅，终了的 pH≤7，铅沉淀率达99%，沉淀物中含铅大于 52%。

除银铅后的盐浸渣再用氯水浸出，使金转入液相，再用亚硫酸钠还原法析出金粉，其化学反应式为：

$$2Au + 3Cl_2 = 2AuCl_3$$

$$2AuCl_3 + 3Na_2SO_3 + 3H_2O = 2Au\downarrow + 6HCl + 3Na_2SO_4$$

在室温为 25℃左右，固液比为 1∶2 的条件下，氯气浸出 3h，金的浸出率可达 99%，由于浸渣中含有 Au，返回球团作业。氯水浸出液用 Na_2SO_3 作还原剂，还原率达 99.9%。还原得到的金粉净化后，在 1200~1250℃熔铸得金锭，含金量大于 99.5%，金的直接回收率可达 98%以上。

9.2 加压氧化预处理工艺

加压氧化是在高温（180~225℃）、高压（氧分压在 500kPa 左右）条件下，使包裹金暴露或使矿石中的有害杂质转变为其他化合物，使其失去活性。

9.2.1 加压氧化机理

加压氧化有酸性加压氧化和非酸性（中性或碱性）加压氧化两种，含砷黄铁矿精矿加压浸出可在酸性介质也可在碱性介质中进行，但目前较广泛采用酸性加压氧化法处理黄铁矿或砷黄铁矿包裹金。

（1）酸性加压氧化。

黄铁矿的氧化反应：

$$2FeS_2 + 7O_2 + 2H_2O = FeSO_4 + 2H_2SO_4$$

生成的 Fe^{2+} 进一步氧化：

$$4FeSO_4 + 2H_2SO_4 + O_2 = 2Fe_2(SO_4)_3 + 2H_2O$$

生成的 Fe^{3+} 进一步水解、沉淀：

低酸度时：$Fe_2(SO_4)_3+3H_2O = Fe_2O_3+3H_2SO_4$ （生成赤铁矿）

高酸度时：$Fe_2(SO_4)_3+2H_2O = 2FeOHSO_4+H_2SO_4$ （生成碱式硫酸铁）

同时也会生成黄钾铁矾型化合物沉淀：

$3Fe_2(SO_4)_3 + 14H_2O = 2H_3OFe_3(SO_4)_2\cdot(OH)_6 + 5H_2SO_4$（生成水合氢离子黄钾铁矾）

砷黄铁矿的氧化反应：

$$4FeAsS + 11O_2 + 2H_2O = 4FeSO_4 + 4HAsO_2$$

生成的 AsO_2^- 进一步氧化：

$$2HAsO_2 + O_2 + 2H_2O = 2H_3AsO_4$$

生成的 AsO_4^{3-} 进一步水解、沉淀：

$$2H_3AsO_4 + Fe_2(SO_4)_3 + 4H_2O = FeAsO_4 \cdot 2H_2O + 3H_2SO_4$$

在酸性加压氧化过程中，开始温度低于硫的熔点时有元素硫生成，反应式如下：

$$FeS_2 + 2O_2 = FeSO_4 + S$$

$$FeS_2 + Fe_2(SO_4)_3 = 3FeSO_4 + 2S$$

为了避免加压氧化过程中 S 的生成，一般温度控制在 175℃ 以上。

（2）非酸性加压氧化。非酸性加压氧化分为中性和碱性加压氧化，pH 值一般为 7~9，反应过程是一个极其复杂的过程，一般情况下，对含碳酸盐矿物较多的碱性矿石可考虑采用非酸性加压氧化，可降低生产成本。

9.2.2　加压氧化工艺

目前，加压氧化主要集中在酸性加压氧化。在酸性介质中，硫化物和含砷矿物在高温高压下硫被氧化成硫酸盐，砷被氧化成砷酸盐。其加压氧化工艺过程如下：

（1）氧化前的预处理。氧化前的预处理是用硫酸将原矿或浮选精矿中的碳酸盐分解。另一个作用是保证足够高的酸起始浓度，以利于加快起始氧化速度。

（2）加压氧化。加压氧化是该工艺主体作业。该过程在高压釜中进行，使硫化物和砷化物氧化成对氰化无害的硫酸盐和砷酸盐。

（3）氧化后矿浆的洗涤。氧化后矿浆的洗涤一方面使硫化物氧化，另一方面可导致贱金属和脉石矿物的溶解。洗涤系统的主要目的是在金回收之前，除去耗氧物质和可能形成泥渣的铅、铁等。洗涤作业通常是在浓密机和过滤机中进行。

（4）洗涤液的中和处理。洗涤液的中和处理一般分两个阶段进行。第一阶段用石灰将 pH 值调到 4 左右；第二阶段再加入石灰使 pH 值调到 10~11，使金属离子以相应的氢氧化物、水合氢氧化物和砷酸盐的形式沉淀。

（5）金的回收。加压氧化后，金的回收通常采用常规的氰化浸出。将洗涤后浓密机底流进行调浆并加入 CaO，使 pH 值达到氰化要求的数值，然后进行常规的氰化提金。氧化后金的氰化浸出率可达 95%或更高。

9.2.3　加压氧化法实践

国外某金矿的矿石中的主要硫化物有砷黄铁矿、黄铁矿、磁黄铁矿，金与砷黄铁矿和黄铁矿紧密共生，大部分金用普通氰化法难以回收，回收率也只有 5%~15%。通过对硫化物的浮选获得浮选金精矿，主要元素的化学分析见表 9-2。

表 9-2　浮选金精矿中主要元素化学分析结果

元素	Au	Al	As	Ca	Fe	Mg	SiO_2	S
含量（质量分数）/%	32.3	1.62	9.90	0.86	34.5	0.96	11.7	38.5

注：表中 Au 单位为 g/t。

采用热加压氧化法处理该浮选金精矿，控制条件为：

（1）磨矿细度：粒度<0.044mm 的比例为 95%；

（2）固体浓度：45%~50%；

（3）固体停留时间：120~150min；

（4）温度：185~190℃；

（5）总压力：1.5~2.0MPa。

金的氰化浸出率可达96%~98.5%。

9.3 生物氧化预处理工艺

生物氧化法也称细菌氧化法，是指靠细菌将金矿石中的硫、铁、砷等分别氧化分解的方法。硫化物中的硫和铁分别被氧化为硫酸盐和三价铁，进入溶液，使包裹于硫化物中的金暴露出来，再通过固液分离去除有害成分，为下一步采用常规的氰化法回收金、银创造了条件。生物氧化法也用于从其他金属硫化物（如铜、镍、锌、铀等）矿物中直接浸出有用金属，这种方法称之为生物浸出。

9.3.1 生物氧化法机理

（1）浸矿菌种。用于难浸矿石处理的细菌主要有氧化亚铁硫杆菌（Thiobacillus ferro-oxidans）、硫化裂片菌（Sulfolobus）和嗜酸热古菌（Acidianusacidianus）。

氧化亚铁硫杆菌：一种很小的杆状细菌，呈格兰氏阴性，通过单板性鞭毛进行移动，不能形成孢子，并且严格需氧。它从二氧化碳中获得碳，从二价铁和还原态硫获得能量，在pH值1~3.5和温度20~40℃条件下繁殖。它可以氧化金属硫化矿物、硫代硫酸盐、元素硫、亚铁离子等。在自然界，氧化亚铁硫杆菌能够独立完成细菌浸矿的全过程。

硫化裂片菌：球形细胞，格兰氏阴性，不能移动，无鞭毛。化学无机源营氧物主要是还原态硫化合物，偶尔还有二价铁。它们能从有机和无机化合物中获得碳，在pH值1~6和温度50~90℃条件下繁殖。硫化裂片菌严格需要氧。

嗜酸热古菌：在形态上与硫化裂片菌很相似，而不同的是嗜酸热古菌在温度为50~90℃条件下繁殖，不需要氧，是一种厌氧细菌。

（2）细菌浸矿机理。细菌既作为催化剂又直接参与氧化反应，是活着的有机体。它们需要营养成分（如硫化物、氮、钾及微量元素）。硫化物在生物氧化过程中发生的生物化学反应可以按直接或间接机理进行分类。直接机理需要细菌与矿物表面的紧密接触，以便使细菌附着在矿物表面，而间接机理则包含细菌形成硫酸高铁的作用。

细菌对黄铁矿作用：

直接氧化反应机理：

$$4FeS_2 + 2H_2O + 15O_2 \xrightarrow{\text{细菌}} 2Fe_2(SO_4)_3 + 2H_2SO_4$$

间接氧化反应机理：

$$FeS_2 + Fe_2(SO_4)_3 \longrightarrow 3FeSO_4 + 2S$$

$$4FeSO_4 + O_2 + 2H_2SO_4 \xrightarrow{\text{细菌}} 2Fe_2(SO_4)_3 + 2H_2O$$

$$2S + 3O_2 + 2H_2O \xrightarrow{\text{细菌}} 2H_2SO_4$$

细菌对砷黄铁矿作用：

直接氧化反应机理：

$$4FeAsS + 6H_2O + 13O_2 \xrightarrow{\text{细菌}} 4H_3AsO_4 + 4FeSO_4$$

间接氧化反应机理：

$$2FeAsS + Fe_2(SO_4)_3 + 4H_2O + 6O_2 \longrightarrow 2H_3AsO_4 + 4FeSO_4 + H_2SO_4$$

9.3.2 生物氧化法特性

与焙烧和加压氧化工艺不同，生物氧化主要是靠细菌的嗜硫性，将硫氧化成硫酸或硫酸盐，但氧化程度远不如焙烧与加压氧化。尽管如此，其随后的氰化法提金回收率与焙烧和加压氧化基本一致。其原因是金虽然分布在整个硫化物中，但是金粒在硫化物晶格中总与结构位移有关，而晶格位移的部位是容易受到侵蚀的。这意味着即使金均匀地分布于硫化物中，也能被细菌选择性地氧化而解离出来。

在富金部位，细菌对硫化物的作用是优先进行的，因为在金-硫化物共生体中，金起了类似阴极的作用。因此，细菌氧化可在部分硫化矿氧化的条件下获得高的金回收率。

在大多数情况下，经细菌浸出预处理，可获得较高的金氰化回收率。但从动力学观点看，焙烧和加压氧化可在几小时内完成氧化的全过程，而细菌氧化过程时间很长，需几天至几十年。

细菌对硫化矿物的可氧化性顺序从易至难为：磁黄铁矿、砷黄铁矿、辉锑矿、黄铁矿、闪锌矿、黄铜矿、方铅矿。

细菌对银的硫化物和碲化物也有氧化作用，如辉银矿、硫锑银矿、淡红银矿、碲银矿等，金属在细菌浸出过程中大量地转入溶液中，随后被生物菌体所吸附。在溶解和吸附过程中，使银矿物转变为易于氰化的形式，使银的氰化速度明显加快。因此，对于含硫化银矿物较多的矿石，应用细菌氧化法预处理，除了获得较高的金回收率外，还可改善银的回收率。

9.3.3 生物氧化法工艺过程

（1）生物参数。生物参数主要包括培养基的矿物组成、细菌活性及生物量等。不同培养基所培育的细菌适应性不同，细菌的活性是通过测定矿浆或溶液中 Fe^{3+} 和 As^{3+} 的氧化速率而间接衡量的。细菌的活性越强，矿浆中 Fe^{3+} 和 As^{3+} 的氧化速度越快，反之则越慢。生物量是通过测定溶液中蛋白质的量计算获得的。

（2）物理化学参数。物理化学参数包括初始 pH 值、温度、氧化还原电位、矿物性质等。用于硫化物氧化的细菌主要为氧化亚铁硫杆菌，其生长的最佳 pH 值范围 1.5~2.5；生长的温度在 25~35℃之间，温度低于 16℃时生长较缓慢，高于 45℃则死亡；预处理黄铁矿、砷黄铁矿的最佳电位为 400~650mV。矿物性质直接影响细菌氧化效果，不同类型的矿物，细菌预氧化效果不同，如砷黄铁矿优先于黄铁矿被氧化。

（3）工艺过程参数。工艺过程参数包括矿浆搅拌方式、矿浆浓度、矿石粒度及浸出时间等。矿浆的搅拌方式直接影响氧化效果的好坏，搅拌强度不够，氧化程度不够或氧化周期延长，搅拌强度过大，会造成细菌死亡，因此生物氧化厂要选择适宜的细菌氧化搅拌槽。较低的矿浆浓度有利于细菌繁殖，矿物的氧化程度提高，但处理量受限；浓度过高，影响细菌的生长，一般矿浆浓度控制在 10%~20%之间。矿物的氧化速率与矿物比表面成正比，可见，较细的矿物粒度有利于提高矿物氧化率。生物的浸出时间因硫化矿的类型以及金的赋存状态而不同，如果金主要分布于砷黄铁矿中，生物浸出时间一般为 2~10 天，若金主要分布于黄铁矿中，则生物浸出时间需 1~5 周。生物浸出时间越长，硫化物氧化率越高，金的氰化回收率也随之越高。

9.3.4 生物氧化法实践

我国某金矿的金矿石含砷、含碳，易浮选，直接采用氰化浸出工艺处理，金的浸出率很低。故采用生物氧化-氰化炭浸提金工艺处理浮选金精矿。浮选金精矿中主要化学元素分析见表9-3。

表9-3 浮选金精矿中主要元素化学分析结果

元素	Au	Ag	Cu	Fe	S	As	C	SiO_2
含量（质量分数）/%	77.48	19.67	0.10	25.70	27.10	2.84	1.47	26.10

注：表中Au单位为g/t。

（1）生物氧化的主要条件：

1）磨矿细度：粒度小于0.045mm的颗粒的比例达95%；

2）生物氧化矿浆浓度：18%；

3）生物氧化级数：二级；

4）生物氧化温度：38~42℃；

5）生物氧化pH值：1.0~2.0；

6）矿浆溶氧量：4~5mg/L；

7）培养基用量：4kg/t；

8）较佳氧化时间：96h。

（2）氧化渣氰化浸出条件：

1）矿浆浓度：35%；

2）氧化钙用量：25kg/t；

3）碱处理时间：8h；

4）氰化钠用量：14kg/t；

5）活性炭用量：400g/t；

6）炭浸时间：72h。

（3）金精矿生物氧化试验结果见表9-4，氧化渣氰化炭浸工艺试验结果见表9-5。

表9-4 金精矿生物氧化试验结果

作业方式	产物名称	产率/%	品位/%			脱除率/%		
			Fe	As	S	Fe	As	S
生物氧化	浮选金精矿	100.00	25.70	2.84	27.10	88.06	92.56	89.60
	氧化渣	78.28	3.92	0.27	3.60			

表9-5 氧化渣氰化炭浸工艺试验结果

作业方式	贫液Au品位 /mg·L^{-1}	Au吸附率 /%	载金炭Au品位 /%	浸渣Au品位 /g·t^{-1}	Au浸出率 /%	浸吸作业回收率/%	选矿总回收率 /%
氰化炭浸	0.31	99.50	0.35	3.48	96.47	96.25	94.50

复习思考题

9-1 按照焙烧过程的主要化学反应，大致可分为哪几种焙烧方法?
9-2 简述加压氧化的过程。
9-3 简述生物氧化的特性。

10　炼金（银）原料准备和原理

根据黄金企业不同的生产流程，生产炼金的原料主要是氰化金泥、重砂、汞膏等。

10.1　炼金原料

（1）氰化金泥。在氰化法提金过程中，用锌置换法从含金贵液中置换得到的一种富金、银的近乎黑色的泥状沉淀物称为金泥。由于各黄金企业的矿石性质的差别以及氰化工艺流程的不同，导致金泥变化很大，金泥中的贱金属主要是铜、铅、锌，大部分以金属状态存在。

锌：锌是置换过程中加入的，含量较大。锌粉置换的金泥一般含锌10%～25%，而锌丝置换的金泥含锌可达40%，原因主要是清理金泥时往往夹带许多锌屑。

铜：金泥中的铜主要来自矿石。一部分是溶解在氰化液中的铜被锌置换而留在金泥中。

铅：金泥中的铅主要来自置换，为了加速反应，往往加入铅盐，这部分铅几乎全部留在金泥中。

此外，金泥中的铁、硫、二氧化硅等主要来自矿石，含量多少取决于置换前贵液的净化效果。

（2）重砂。重砂俗称毛金，是用重选法获得的富金物料。重砂既可在砂金生产中获得，也可在脉金生产中获得。重砂中的金颗粒比较粗大，组成比较简单，除金外主要含有铁、硫化矿物、石英等。

（3）汞膏。汞膏也称汞齐，是用混汞法提金得到的一种金-汞合金。由于混汞法会对环境造成严重污染，现在已取消该生产工艺。

10.2　原料的准备

原料准备工作是依据原料的性质和冶炼工艺而确定的，在考虑准备工序时，必须充分考虑原料的性质及经济效果。

10.2.1　金泥的预处理

（1）酸处理。用锌置换得到的金泥，要用酸预处理来除去大部分的锌，同时使金进一步富集，酸处理常用硫酸，也可用盐酸。硫酸处理金泥化学反应方程式为：

$$Zn + H_2SO_4 = ZnSO_4 + H_2\uparrow$$

将金泥装入耐酸的机械搅拌槽中，用清水调浆至浓度为30%左右，充分搅拌后，往槽中慢慢加入硫酸。开始反应速度很快，有大量气体产生，并引起料浆起泡；当反应逐渐减慢后，可往槽中慢慢加水搅拌，适当补酸，使料液 pH 值为2~3，充分反应4h左右，最终保持 pH 值为4~5。

酸处理过程中不仅放出氢气，而且由于金泥中含有一定的氰化物和硫化物，它们与酸作用生成剧毒的氰化氢和硫化氢气体，因此搅拌槽应当密闭的，并配有强大的抽风设备，不允许有气体从操作口冒出。

料浆充分反应后，进行多次洗涤过滤，将反应生成的硫酸锌除去，直至溶液为中性。处理后的金泥过滤脱水、烘干或直接去冶炼，此时金泥的含锌量常在5%以下。

（2）脱铜。含铜高的金泥在冶炼时，不仅要消耗大量的溶剂使铜造渣除去，而且往往形成“冰铜”而导致金的回收率降低。因此，直接冶炼时，应控制金泥的含铜量不超过5%。

预先脱铜方法主要有硝酸铵法、硫酸高铁法，其次有空气氧化法、二氧化锰法、三氧化铁法等，其方法都是将铜氧化形成可溶性铜盐，然后将铜盐除去。

硝酸铵法：在温度90℃以上，使铜氧化生成便于除去的铜铵络合物，化学反应方程式为：

$$3Cu + 12NH_3NO_3 \xlongequal{\triangle} 3Cu(NH_3)_4(NO_3)_2 + 4HNO_3 + 4H_2O + 2NO\uparrow$$

这个反应迅速，除铜比较彻底，但硝酸铵的用量和酸度不能过高，否则容易使金泥中银溶解而导致损失。

硫酸高铁法：在温度90℃左右条件下，用酸性硫酸高铁溶液使铜转换为硫酸铜，而后除去，化学反应方程式为：

$$Cu + Fe_2(SO_4)_3 \xlongequal{\triangle} 2FeSO_4 + CuSO_4$$

空气氧化法、二氧化锰法、三氧化铁法：这三种方法都是将温度控制在100℃左右，将铜转换为可溶性铜盐，作用都比较快，其化学反应方程式如下：

$$Cu + H_2SO_4 + 1/2O_2 \xlongequal{\triangle} CuSO_4 + H_2O$$

$$Cu + H_2SO_4 + MnO_2 \xlongequal{\triangle} CuSO_4 + MnO + H_2O$$

$$Cu + 2FeCl_3 \xlongequal{\triangle} CuCl_2 + FeCl_2$$

10.2.2　重砂的预处理

砂矿开采得到的重砂成色一般比较高，硫化物含量少，因此不必预处理。脉矿（岩矿）选矿经重选法获得的重砂选用焙烧法来预处理。

焙烧法采用焙烧温度为850℃左右，在此温度下焙烧可使大部分硫氧化成氧化物而除去，一些其他贱金属如铅、锌、铜等几乎全部变成氧化态，给下一步熔炼创造了很好的条件。

10.3　炼金的原理

10.3.1　炼金的基本概念

炼金是在1200~1300℃的高温下分两个过程进行的：一是贱金属氧化并与熔剂作用生成炉渣；二是由于金、银与渣的密度不同而进行分离。

（1）金银与贱金属分离。金银和贱金属铜、铅、锌等的密度差异较大，因而有利于金银与渣分离；在一般温度和气氛条件下，金银特别是金不会发生氧化，也有利于金银与贱金属分离。

（2）炉渣。炉渣从广义上来讲是金属氧化物体系，对冶炼而言是至关重要的。冶炼过程实际上就是造渣过程。

1）炉渣的熔点。炉渣的熔点取决于炉渣的成分。炼金的炉渣主要由硼酸盐和硅酸盐组成，熔点大约在1100℃左右。炉渣的熔点高于金银的熔点，有利于金银与渣分离并除去杂质。

2）炉渣的密度。炉渣的密度直接影响金银与渣的分离，炼金炉渣的密度通常为$2.5\times10^3\sim3\times10^3kg/m^3$。

3）炉渣的黏度。炉渣的黏度也影响金银与渣的分离，炉渣的黏度主要由炉渣的组成决定。流动性好的炉渣，金银的含量就比较低。

4）炉渣的硅酸度。硅酸度是炉渣中酸性氧化物中氧的总量与碱性氧化物中氧的总量之比，即硅酸度K=酸性氧/碱性氧。硅酸度大于1的炉渣称为酸性渣，反之称为碱性渣。

（3）冰铜。冰铜在冶金学上广义地被认为是金属硫化物体系。在炼金过程中主要是铜-铅-铁-硫体系，冰铜的密度比炉渣大，在冶炼过程中处在渣和金属之间，冰铜含金量变化很大，通常在0.01%~0.3%之间。冰铜的形成主要是造渣剂不足造成的。

10.3.2　炼金常用的熔剂及其作用

炼金过程中分造渣溶剂和氧化溶剂两类。造渣溶剂作用是与贱金属氧化物进行造渣反应生成炉渣，氧化溶剂作用是提供氧，使炉料中的贱金属和硫氧化以便造渣。

（1）造渣熔剂：主要有硼砂、石英、碳酸钠等。

硼砂：硼砂分子式是$Na_2B_4O_7$，熔点为741℃，硼酸盐渣的熔点比较低，流动性好。硼砂对锌的氧化物的造渣性能比较好。

石英：石英分子式是SiO_2，纯石英的熔点为1710℃，但石英与贱金属形成硅酸盐后，特别是混合硅酸体系的熔点就大大降低。

碳酸钠：碳酸钠分子式是Na_2CO_3，在冶炼过程中分解成Na_2O和CO_2，它能与SO_3生成Na_2SO_4从而造渣。

（2）氧化熔剂：主要有硝石、二氧化锰等。

硝石：硝石分子式是$NaNO_3$，熔点为339℃，在比较低的温度下分解而产生氧化作用。

二氧化锰：二氧化锰分子式是MnO_2，熔点为535℃，在比较低的温度下分解而产生氧化作用。

10.3.3　造渣反应

造渣包括贱金属的氧化反应和造渣反应两个过程。

（1）氧化反应：在冶炼条件下，贱金属被氧化而生成氧化物。

用硝石作氧化剂发生化学反应如下：

$$6Cu + 2NaNO_3 \xlongequal{\triangle} 3Cu_2O + Na_2O + 2NO$$

$$3Me + 2NaNO_3 \xlongequal{\triangle} 3MeO + Na_2O + 2NO \text{（式中 Me = Zn、Pb、Fe 等）}$$

$$S + 2NaNO_3 \xlongequal{\triangle} Na_2O + 2NO + SO_3$$

用二氧化锰作氧化剂发生化学反应如下：

$$2Cu + MnO_2 \xlongequal{\triangle} Cu_2O + MnO$$

$$Me + MnO_2 \xlongequal{\triangle} MeO + MnO\text{（式中 Me = Zn、Pb、Fe 等）}$$

$$S + 3MnO_2 \xlongequal{\triangle} 3MnO + SO_3$$

（2）造渣反应：贱金属氧化生成的氧化物与不同比例的硼砂或石英相结合，可造成不同硅酸度的炉渣，其化学反应式如下：

$$SO_3 + Na_2CO_3 \xlongequal{\quad} Na_2SO_4 + CO_2$$

$$MeO + SiO_2 \xlongequal{\quad} MeO \cdot SiO_2$$

$$MeO + Na_2B_4O_7 \xlongequal{\quad} MeO \cdot Na_2O \cdot 2B_2O_3$$

注：上式中 $MeO = Cu_2O$、ZnO、PbO、FeO 等。

由于与金属氧化物相结合的 SiO_2 或 $Na_2B_4O_7$ 的分子数可以是一个，也可以是几个，因此造渣反应可用下列通式来表示：

$$mMeO + nSiO_2 \xlongequal{\quad} mMeO \cdot nSiO_2$$

$$mMeO + nNa_2B_4O_7 \xlongequal{\quad} mMeO \cdot nNa_2O \cdot 2nB_2O_3$$

由于 m 和 n 值的不同，炉渣的硅酸度就不相同。

10.4　炼金炉料的配制

炼金炉料的合理配剂是使炼金过程顺利进行的保证，配剂方法有理论计算法和经验法两种，在生产实践中常采用这两种互为补充。

10.4.1　炼金炉料理论计算法

（1）氧系数。对于金属和硫，氧系数是指氧化单位量金属或硫所需氧的单位数；对于金泥中和熔剂中其他的氧化物，氧系数是指单位量的这种物质中氧的含量。

1）锌（相对原子质量 65）、铜（相对原子质量 63）等贱金属的氧系数计算（氧相对原子质量 16）：

$$Zn + O \xlongequal{\triangle} ZnO \quad 2Cu + O \xlongequal{\triangle} Cu_2O$$

则：锌的氧系数为：$\dfrac{\text{O 相对原子质量}}{\text{Zn 相对原子质量}} = \dfrac{16}{65} = 0.246$，氧化单位量的锌需要 0.246 单位量的氧；

铜的氧系数为：$\dfrac{\text{O 相对原子质量}}{2\times\text{Cu 相对原子质量}} = \dfrac{16}{2\times63} = 0.127$，氧化单位量的铜需要 0.127 单位量的氧。

2）金泥中其他氧化物的氧系数（二氧化硅相对分子质量 60，氧化钙相对分子质量 56）：

$$CaO \xlongequal{\triangle} Ca + O \quad SiO_2 \xlongequal{\triangle} Si + 2O$$

则：氧化钙的氧系数为：$\dfrac{\text{O 相对原子质量}}{\text{CaO 相对分子质量}} = \dfrac{16}{56} = 0.285$，单位量的 CaO 含有 0.285 单位量的氧；

二氧化硅的氧系数为：$\frac{2\times O\text{ 相对原子质量}}{SiO_2\text{ 相对分子质量}}=\frac{2\times 16}{60}=0.534$，单位量的 SiO_2 含有 0.534 单位量的氧。

3）硝石（相对分子质量 85）、二氧化锰（相对分子质量 87）、硼砂（相对分子质量 202）的氧系数：

$$2NaNO_3 \xlongequal{\triangle} Na_2O + 2NO + 3O$$

因为硝石分解后，只有是 Na_2O 组分参与造渣，所以只有 Na_2O 中的氧才能参与计算，硝石的氧系数为：$\frac{O\text{ 相对原子质量}}{2\times NaNO_3\text{ 相对分子质量}}=\frac{16}{2\times 85}=0.094$。

$$MnO_2 + \text{热} \xlongequal{} MnO + O$$

二氧化锰的氧系数为：$\frac{O\text{ 相对原子质量}}{MnO_2\text{ 相对分子质量}}=\frac{16}{87}=0.184$。

$$Na_2B_4O_7 \xlongequal{\triangle} Na_2O + 2B_2O_3$$

因为硼砂分解后有 Na_2O 和 B_2O_3 两种组分都参与造渣，它们分别是碱性氧化物和酸性氧化物，所以它们的氧也分别是碱性氧和酸性氧。硼砂的酸性氧系数为：$\frac{2B_2O_3\text{ 含氧量}}{Na_2B_4O_7\text{ 相对分子质量}}=\frac{96}{202}=0.477$；硼砂的碱性氧系数为：$\frac{Na_2O\text{ 含氧量}}{Na_2B_4O_7\text{ 相对分子质量}}=\frac{16}{202}=0.079$。

（2）熔剂系数。熔剂系数是指各种贱金属在发生氧化反应时，计算出它们单位量氧化时所需要的某种氧化溶剂的量。不同的金属以及不同的氧化熔剂，其熔剂系数也不同。

1）硫和铜的硝石系数：

$$S + 2NaNO_3 \xlongequal{\triangle} Na_2O + 2NO + SO_3$$

则：硫的硝石系数为：$\frac{2\times NaNO_3\text{ 相对分子质量}}{S\text{ 相对原子质量}}=\frac{2\times 85}{32}=5.30$，氧化单位量的硫需要 5.30 单位量的硝石。

$$6Cu + 2NaNO_3 \xlongequal{\triangle} 3Cu_2O + Na_2O + 2NO$$

则：铜的硝石系数为：$\frac{2\times NaNO_3\text{ 相对分子质量}}{6\times Cu\text{ 相对原子质量}}=\frac{2\times 85}{378}=0.45$，氧化单位量的铜需要 0.45 单位量的硝石。

2）锌和铜的二氧化锰系数：

$$Zn + MnO_2 \xlongequal{\triangle} ZnO + MnO$$

则：锌的二氧化锰系数为：$\frac{MnO_2\text{ 相对分子质量}}{Zn\text{ 相对原子质量}}=\frac{87}{65}=1.34$，氧化单位量的锌需要 1.34 单位量的二氧化锰。

$$2Cu + MnO_2 \xlongequal{\triangle} Cu_2O + MnO$$

则：铜的二氧化锰系数为：$\frac{MnO_2\text{ 相对分子质量}}{2\times Cu\text{ 相对原子质量}}=\frac{87}{2\times 63}=0.69$，氧化单位量的铜需要 0.69 单位量的二氧化锰。

根据上述反应可计算各物质的氧系数、各种金属与不同的氧化熔剂反应的不同熔剂系数，把计算结果列入表10-1，作为炉料配剂计算的依据。

表10-1　不同物质的氧系数和熔剂系数

物质名称	相对原子质量/相对分子质量	氧化物	氧系数		熔剂系数	
			酸性	碱性	$NaNO_3$	MnO_2
Cu	63	Cu_2O		0.127	0.45	0.69
Zn	65	ZnO		0.246	0.87	1.34
Pb	207	PbO		0.077	0.28	0.43
Fe	56	FeO		0.285	1.01	1.57
S	32	SO_3			5.30	8.30
CaO	56	CaO		0.285		
$NaNO_3$	85	Na_2O		0.094		
MnO_2	87	MnO		0.184		
Na_2CO_3	100	Na_2O		0.151		
SiO_2	60	SiO_2	0.534			
$Na_2B_4O_7$	202	$2B_2O_3 \cdot Na_2O$	0.477	0.079		

（3）配剂计算要求。明确了熔剂系数和氧系数之后，就可进行配剂计算，但计算时必须按下列要求做：

1）要有金泥的成分分析资料，因为理论计算是以金泥的组成为依据的；

2）要确定炉渣的硅酸度，因为炉渣的硅酸度不同，则需要的熔剂量也不同；

3）金泥中含锌高，大于15%，熔剂中硼砂与石英的比例以2∶1为佳，反之以1∶1为佳；

4）氧化剂可以单用一种，也可以两种混用。

10.4.2　炼金炉料理论计算实例

以某氰化厂的金泥为例来进行计算，取干金泥100kg，金泥的组成含量见表10-2。假定炉渣的硅酸度$K=1.5$，用单一硝石作为氧化熔剂。

表10-2　金泥的组成含量

元素	Cu	Fe	Pb	Zn	CaO	SiO_2	S	Au	Ag
含量（质量分数）/%	1.52	0.11	5.72	17.3	3.22	0.30	4.50	47.39	4.43

（1）计算出炉料组成以及氧系数，列入表10-3中；

（2）由于采用单一硝石作氧化熔剂，可计算出各种贱金属氧化所需要的硝石量，计算结果列入表10-3中；从表中各物质含量与熔剂系数可计算出溶剂量，即加入硝石总量为41.30kg。

（3）原料金泥中含锌17.3%，选用熔剂中硼砂与石英比例2∶1，由于原料中含SiO_2为0.30%，按此比例应先配入0.60%的硼砂。

表 10-3　金泥中各物质的氧系数和熔剂计算表

物质名称	含量/%	氧系数	氧量/kg		熔剂系数	熔剂量/kg
			酸性	碱性	$NaNO_3$	$NaNO_3$
Cu	1.52	0.127		0.193	0.45	0.684
Fe	0.11	0.285		0.031	1.01	0.111
Pb	5.72	0.077		0.440	0.28	1.602
Zn	17.3	0.246		4.256	0.87	15.05
S	4.50				5.30	23.85
SiO_2	0.30	0.543	0.160			
CaO	3.22	0.285		0.918		
$NaNO_3$	41.30	0.094		3.882		
$Na_2B_4O_7$	0.60	0.477，0.079	0.286	0.047		
合计			0.446	10.77		41.30

（4）表 10-3 中可以看出酸性氧总量为 0.446kg，碱性氧总量为 10.77kg，为保证硅酸度 $K=1.5$，必须再提供酸性氧为：$10.77\times1.5-0.446=15.71$kg。

（5）酸性氧是由石英和硼砂提供的，并满足石英：硼砂＝1：2。1kg 石英提供酸性氧为 0.534，2kg 硼砂提供酸性氧为 $2\times0.477=0.954$，且提供碱性氧为 $2\times0.079=0.158$。因此一份硼砂与石英混合料可提供酸性氧为 1.488，碱性氧为 0.158，为保证硅酸度 $K=1.5$，可提供酸性氧为：$1.488-0.158\times1.5=1.251$kg。

（6）100kg 金泥需要配入石英和硼砂混合料（石英：硼砂＝1：2）为：$15.71\div1.251=12.56$ 份，即石英 12.56kg，硼砂 25.12kg。

将上面计算结果作为最终的炉料组成列入表 10-4 中。

表 10-4　100kg 干金泥炉料的组成理论计算值

炉料的组成	质量/kg	含量（质量分数）/%
石英	12.56	15.78
硼砂	25.72（＝25.12+0.60）	32.32
硝石	41.30	51.90
合计	79.58	100.00

10.4.3　炼金炉料经验计算法

上一节介绍的理论计算法是基本的配料方法，对金泥的物质组成分析后，先进行计算再熔炼。但在实际生产中，往往由于时间等一些原因不可能做到对每一次金泥都做全面化学分析。这就需要根据实践经验以及对氧化过程的观察来确定金泥中组成、可能发生的变化，以及某些杂质达到的极限含量等，来估计有可能引起金泥成分的变化，来调整是可以做到的。用经验法配料时，每隔一定的时间，结合着理论计算方法加以验证和调整。如果这种方法应用得好，同样可得到很好的效果。

每个黄金企业都可以在理论计算的基础上，经过一段时间的精炼实践，按照这种方式可建立一张配料熔剂计算表，知道金泥的金、银总量后，可以简捷计算出所需的各种熔剂。

复习思考题

10-1　炼金的原料有哪些？

10-2　简述炼金常用的熔剂及其作用。

10-3　掌握炼金炉料配制的理论计算法。

11 金银的冶炼实践

11.1 火法炼金设备

火法炼金历史悠久。原始的火法熔炼就地堆火，后期掘坑砌灶用陶制容器，再后来用坩埚在炭火中熔炼。炼金炉可分为坩埚炉、转炉、中频感应电炉等类型。

（1）坩埚炉。坩埚炉是用耐火黏土、耐火砖砌筑而成。冶炼时，金泥放入坩埚置入炉中，根据实际情况，坩埚炉中可放一个或几个坩埚，坩埚下部必须垫一块耐火砖。

坩埚炉的排烟方式有两种：一种是炉上部侧墙有一个与烟道相连的排烟口；另一种是在炉盖中央留一个排烟口，通过烟罩将炉气排走。

坩埚炉比较简单，制作砌衬方便，操作容易。但因炉盖的启用，坩埚的装入和取出需手工操作，劳动强度大。坩埚炉一般用于少量的金泥和其他的物料的冶炼，因此大中型黄金企业已很少使用这种炉型。

（2）转炉。炼金转炉实际是一种可倾倒式反射炉。转炉的炉壳是用钢板或铸钢制成的圆筒，可以是整体也可以是拆卸的两半。炉壳的两端有端盖，端盖中央有燃烧孔，用来安置燃烧器的嘴。炉体依靠两个托圈支撑在四个托辊上，炉的另一端装有齿轮并配有变速装置，靠人力或电力倾转。炉体中央开有炉口，炉口既是烟气的导出口，也是加料口和出料口。

砌炉用耐火砖选用高铝砖和镁砖，高铝砖对渣的适应性比较好。当选用的渣的硅酸度较低时，可用镁砖。对于小直径的炉子，采用耐火材料捣打整体炉衬更为方便，因为捣打炉衬的两端比中央高，炉膛呈橄榄形，有利于金属集中在炉中央，倾倒时能将全部金属倒出来。

（3）中频感应电炉。中频感应炼金炉有多种规格，并配置相应的可控硅中频电源，利用感应作用产生的高温加热炉料进行熔炼。

11.2 冶炼过程操作

11.2.1 炉料的配制

炉料的配制主要是相对金泥而言，湿金泥一般含水25%~40%。用坩埚冶炼时必须先把金泥烘干，这是因为湿的金泥会造成坩埚炸碎。

熔剂必须打碎，与金泥充分拌匀，这样可使熔剂充分与金泥接触，保证氧化造渣反应完全。

海绵金和重砂的配料比较简单。重砂只要与炉料拌匀即可，海绵金的冶炼只要将其放在坩埚里，在下部和上部都加上一定量的熔剂就可以了。

11.2.2 坩埚炉冶炼过程操作

坩埚炉的冶炼操作可分为升温、加料、熔化和铸锭四个步骤。

（1）升温：将木材直接点燃，然后直接启动燃烧器，往炉内引入燃料和空气，坩埚炉升温。坩埚要预热烘烤，防止炸裂。

（2）加料：当炉子升温到800℃以上时，将坩埚从炉内取出，将搅拌好的炉料加入坩埚中，再覆盖少量的硼砂，防止炉料被烟气带走。当炉料熔化后，可往坩埚内再加一些炉料，加料时应停加燃料并停止鼓风。

（3）熔化：炉料加足后便进入熔化阶段，熔化时间的长短主要取决于坩埚中装料的多少。当熔炼完毕，将罐移入水槽中冷却，把凝固的渣（熔体）倒出，并打下底部的金块。

（4）铸锭：所有的金泥冶炼结束后，把金块集中起来进行铸锭。

11.2.3 转炉冶炼过程操作

转炉冶炼过程操作可分为升温、投料、熔化、倒渣、铸锭、停炉六道工序。

（1）升温：升温制度主要根据炉衬材料而定。首先用木柴烘烤，然后往炉内送少量风，使木柴燃烧更旺，炉温逐步升高至800℃左右，此后再开通燃油或煤气，使炉温达到1200℃左右。

（2）投料：投料前炉温必须达到1200℃以上，太低的温度会降低炉料的熔化速度。投料时要停火，把炉口侧向一边，小心地把拌匀的炉料铲入炉内。加料要尽可能快，避免炉子过分冷却，加完料在物料表面撒上一薄层硼砂。

（3）熔化：加完料后应立即开火，尽可能在最短时间内使炉温达到最高，让炉料迅速熔化。炉料熔化是从表面开始的，熔化的炉料中的金属液滴下渗，在下渗过程中，液滴中的杂质又充分与熔剂反应而造渣。随着熔化的进行，熔池逐渐扩大，并由于气体的放出而剧烈的沸腾，当炉料全部熔化后，熔池逐渐平静下来，火焰显得更白炽明亮。

（4）倒渣：炉料全部熔化，熔池不再翻腾后，静止半个小时即可倒渣。倒渣分两次进行，第一次倒的渣约占总渣量的80%，将炉子慢慢倾转倒渣；第一次倒完后观察炉内情况，如果渣比较黏，就加入一些硼砂，待熔化后再进行第二次倒渣。

（5）铸锭：渣基本清完后，就可把金属倒入铸模内，铸模的数量由金属量而定。铸锭时最好保留一点渣，一方面可以预热铸模，另一方面又可作为锭的覆盖，使锭有较好的表面。待渣和锭金全部凝固后，将铸模翻转脱模，去掉金锭表面的熔渣。

（6）停炉：冶炼全部结束后，要立即停止燃料和风的供给，并用耐火材料或黄泥将燃烧口和炉口封住，让炉温逐步降低起到保护炉衬的作用。

11.3 渣和冰铜的处理

11.3.1 渣的处理

在冶炼过程中产出两种渣：一种称前期渣，比较稀，含金量低；另一种是后期渣，黏度和相对密度较大，由于它与金属不可能完全分离，当从炉内倒出来时或多或少地夹带一些金属。

把渣破碎制取样品，然后磨细、缩分、化验，可计算出来渣中的金属量。

多数黄金冶炼厂把渣磨碎后返回氰化浸出系统来回收其中的金银，渣中的杂质对氰化不会产生不利的影响。还有一些冶炼厂采用重选法回收渣中的金。

11.3.2　冰铜的处理

冰铜是冶炼过程中经常出现的产品，特别是那些含硫比较高的金泥。由于金泥中含水过高或使用含水硼砂作熔剂，使炉温降得很低时，氧化熔剂分解释放出的氧不能充分参与反应，都可能导致冰铜的产生。用石墨坩埚冶炼时，由于坩埚本身的还原作用，冰铜的生成往往很难避免。

冰铜一旦形成，要消除是很困难的，冰铜处在渣与金属之间。少量的冰铜，可以在渣倒尽后，往炉内加入足量的氧化剂和造渣熔剂，使其氧化造渣除去。在冰铜氧化过程中发生氧化物与硫化物之间的交互反应：

$$2Cu_2O + Cu_2S = 6Cu + SO_2$$

可见，不完全氧化虽然使冰铜消失，但由于交互反应，使部分铜进入金属，降低金的成色。

如果产生大量的冰铜，应销售给冶炼厂，来使铜和金充分地回收。

11.3.3　废耐火炉衬的处理

耐火砖砌筑的炉衬的砖缝里往往存留许多金，拆除炉衬时要仔细加以挑选回收。捡取大粒金以后将其破碎到2mm以下，甚至更细，用重选法加以回收。有时一个耐火转炉衬拆出后，可以回收几百两金。

整体炉衬尽管滞留的金少得多，但是不可避免地也有裂缝，因而也要同样处理。

复习思考题

11-1　火法炼金的设备有哪些？

11-2　简述转炉冶炼过程。

11-3　什么是冰铜，出现冰铜怎么处理？

12 金银精炼及铸锭

从氰化法、非氰化法等所得合质金，含杂质多，金的品位低，必须要进一步精炼。精炼的方法很多，有火法、化学法和电解法等。

12.1 酸化法分离金银

酸化法处理合质金，主要利用金不与硝酸或硫酸起作用，银与其他金属杂质溶解于硝酸或硫酸中，从而达到金银分离的目的。

12.1.1 硝酸分银法

采用硝酸分银法时，要求合质金中金银的比例为金：银=1：3。如果合质金中含银量低于此值，必须补加银达到此比例，否则进行溶浸时，银与硝酸产生薄膜，有碍银继续溶解。硝酸分银法的生产过程为：泼珠、酸浸、洗涤、干燥及铸锭、置换。

（1）泼珠：把在坩埚内熔融银合金缓缓倒入盛有冷水的容器内，制成星状、片状、雪花状的分银合金。制成颗粒状不易过大，否则影响下一步溶浸。

（2）酸浸：酸液水与硝酸为5：1，溶浸温度为100~150℃，反应机理为：

$$3Ag + 4HNO_3 = 3AgNO_3 + 2H_2O + NO\uparrow$$

如含铜，也会溶解进入溶液：

$$3Cu + 8HNO_3 = 3Cu(NO_3)_2 + 4H_2O + 2NO\uparrow$$

溶浸终点：“分银合金”变成细碎片时，酸浸即达终点。

（3）洗涤：溶浸达到终点后，把溶液冷却静置后，倒出滤液送去置换，渣内含有金或其他贵金属。用70℃左右的热水将渣洗涤5~10次，用食盐水滴定洗液，观察是否有白色沉淀来判断洗涤终点。洗液返回置换，洗涤后所得渣称之为金渣。

（4）干燥及铸锭：洗涤后的金渣放在干燥炉上烘干。经过干燥后的金渣，配以10%碳酸钠、12%硼砂放到坩埚内进行熔炼后铸锭。

（5）置换：酸浸后过滤液加入食盐得到氯化银沉淀，加入熔剂溶化可得到高纯银锭。

12.1.2 硫酸分银法

用硫酸分离金银原理与硝酸法相似，银在硫酸作用下溶解，而金以固体渣形式留下来，从而达到金银分离的目的。

（1）硫酸分银机理：

$$2Ag + 2H_2SO_4 = Ag_2SO_4 + 2H_2O + SO_2$$

$$Cu + 2H_2SO_4 = CuSO_4 + 3H_2O + SO_2$$

银、铜及部分钯溶解进入溶液，金成为金渣。如果合质金中含有Pt、Rh、Ru等贵金属，不溶解进入金渣。

（2）把金渣用硫酸反复洗涤处理，再用热水洗涤，经过滤、干燥，配以苏打、硝石、硼砂作覆盖剂进行熔化，浇铸可得含金量达99%以上的金锭。

（3）置换：用铜屑置换所得溶液中的银可得到银粉，将银粉洗涤、过滤、干燥配以硝石熔炼可得含银99.8%以上的银锭。

（4）废液处理：置换后废液经冷却结晶，可得硫酸铜结晶。

12.2 电解法精炼银

电解法分离金银可除去杂质，获得纯度比较高的电银、电金，不污染环境。

银电解是用金银合质金作阳极，不锈钢作阴极，硝酸银溶液为电解液，通过直流电进行电解，阳极溶解进入溶液，阴极上析出银，不时地落在电解槽底。电解过程终了时，取出阴极与阳极，从槽底捞出电银粉，用热蒸馏水洗涤捞出的电银粉，干燥、熔炼、铸锭。

12.2.1 电解银的基本原理

（1）电解银原理：电解精炼时，电解过程可用电化学系统表示如下：

阴极　　电解液组成　　阳极

纯 Ag | $AgNO_3$, HNO_3, H_2O | 粗 Ag(或金银合质金)

（2）电解液中各组分在电解时，会部分或全部地发生电离：

$$AgNO_3 = Ag^+ + NO_3^-$$

$$HNO_3 = H^+ + NO_3^-$$

$$H_2O = H^+ + OH^-$$

（3）阳极反应：通入直流电后，阳极银失掉电子以 Ag^+ 进入溶液，其反应为：

$$Ag - e = Ag^+$$

（4）阴极反应：进入溶液中的 Ag^+ 离子，在阴极上获得电子并在阴极上还原析出纯银，其反应为：

$$Ag + e = Ag^+$$

12.2.2 银精炼电解的技术条件

（1）电解液的组成：银电解液精炼采用硝酸银作电解液，为了增加电解液导电性，要加入少量的硝酸。电解液组成为含银100~150g/L，含硝酸2~8g/L，含铜量小于60g/L。

（2）银精炼电解温度：银电解液多依靠自热，温度一般要求维持在30℃左右，过高会使电解液蒸发，污染环境及使阴极银返溶。

（3）阴极电流密度：阴极电流密度是指电极每平方米通过的电流安培数。生产上为了缩短周期，一般多采用高电流密度，可使阴极析出银的速度增大。一般阴极电流密度为250~400A/m^2。

（4）电解液循环量：为了保证电解液浓度均匀，要定时搅拌电解液，或是使电解液往复循环缓慢流动。一般按4~6小时将电解液循环一次，循环方式采用电解液下进上出法。

（5）同极中心距：因为阴极上银呈树枝状析出，为了避免短路，或为刮取阴极银方便，同极中心距一般保持在100~160mm。

12.3 电解法精炼金

金的电解精炼是将粗金通过电解法生产纯金。主要是由酸化法分离金银所得金粉，或用电解法分离金银所得二次黑金粉（阳极泥），配以硝石、硼砂在坩埚内熔炼后铸成阳极，进一步用电解法提纯金。

12.3.1 电解精炼金的基本原理

（1）电解精炼金的基本原理：电解精炼金以粗金做阳极，以纯金片做阴极，以金的氯化络合物水溶液和游离盐酸做电解液。电解过程可用电化学系统表示如下：

阴极　　电解液组成　　阳极

$$Au(纯) \mid HAuCl_4, HCl, H_2O \mid Au(粗)$$

（2）电解液中的电离：

$$HAuCl_4 = H^+ + AuCl_4^-$$
$$AuCl_3 = Au^{3+} + 3Cl^-$$
$$AuCl_4^- = Au^{3+} + 4Cl^-$$
$$H_2O = H^+ + OH^-$$
$$HCl = H^+ + Cl^-$$

（3）阳极反应：通入直流电后，阳极金失掉电子以 Au^{3+} 进入溶液，其反应为：

$$Au - 3e = Ag^{3+}$$

（4）阴极反应：进入溶液中的 Au^{3+} 离子，在阴极上获得电子并在阴极上还原析出纯金，其反应为：

$$Au^{3+} + 3e = Au$$

12.3.2 金精炼电解的技术条件

（1）电解液的组成：金电解液精炼采用氯化金作电解液，为了增加电解液导电性要加入少量的盐酸。电解液组成为含金 250~300g/L，含盐酸 200~300g/L。

（2）金精炼电解温度：金电解液温度一般要求维持在50℃左右，这样可提高电解液的导电性。但温度过高会使电解液蒸发，污染环境。

（3）阴极电流密度：一般多采用高电流密度，最高阴极电流密度有 $700A/m^2$。

（4）槽电压：电流密度以安培/米^2 计时，槽电压采用 0.3V。

（5）同极中心距：同极中心距一般保持在 80~120mm。

12.4 金银的铸锭

熔炼得到的金锭、银锭是比较粗糙的，其表面可能有缩孔、气孔、飞边等许多缺陷。此外，还可能还有一些夹杂物。为了获得较好的物理规格的金锭、银锭，必须进行重新铸锭。

二次铸锭通常用坩埚炉或高频（中频）电炉。后者操作方便，劳动条件好，容易控制，同时由于电流的搅拌作用，可以使熔体非常均匀。

铸模每次使用时应预热到100~200℃，在内表面均匀熏上一层厚1~2mm黑烟。铸锭用的坩埚，特别是铸赤金的坩埚必须是干净的，并经过挑选，加热烘烤至800℃左右方可使用。

实践中熔化温度为1250~1350℃，金在炉内停留时间为25~30min，浇铸温度为1200~1250℃。铸模要放平，浇锭时间为7~14秒钟，流液量从小到大再到小，收流要干净利索。浇完的瞬间要压上加热到1200℃左右的盖砖。浇标准锭时还要先盖上硝纸，压砖时要平稳。锭凝固后，依次卸在石棉板上，移入硝酸或盐酸水溶液中，浸没片刻，用清水洗净酸，擦干即成。最后在锭面上打上号码。

复习思考题

12-1　简述硝酸分银法过程。

12-2　银精炼电解的技术条件是什么？

12-3　简述电解精炼金的基本原理及技术条件。

12-4　金银标准锭怎么铸？

第4篇　铂族金属的提取

13　铂族金属的原料及提取

13.1　铂族金属的原料

一般矿石中铂族金属的含量都很低，无法直接提取，需要经过复杂、冗长的处理过程逐步富集，才能获得含铂族金属较高的精矿，然后进一步分离、再富集，多次提纯可得到纯金属。

提取铂族金属的主要工业矿物有：铁铂合金、铱铂矿、砷铂矿、硫铂矿、砂铂矿等。现代工业开采的铂矿资源绝大多数是含铂族金属的硫化铜镍矿，可大致分为如下三种类型：

（1）铂族金属含量较高，具有单独提取价值，并可附带回收镍、铜等。如南非布什维尔德杂岩中的麦伦斯基矿脉和美国的斯蒂尔瓦特钯铂矿。

（2）镍、铜含量高，其中镍具有单独开采价值，所含的铂族金属需要综合回收。如中国金川镍矿和加拿大德伯里镍矿。

（3）铂族金属和镍、铜含量都比较高。如俄罗斯诺里尔斯克及塔尔纳赫的铂族金属硫化矿铜镍矿。

13.2　铂族金属的提取工艺

铂族金属冶炼厂处理的主要物料虽然已经通过富集，但其中的铂族金属品位仍然很低，还需通过更复杂、冗长的冶金工艺进行提纯，通常可分为4个阶段：

（1）第一阶段：初步富集。即通过各种选矿、冶金等工艺，处理获得的含铂族金属精矿，使其中的微量的铂族金属进一步与大量脉石及铁化合物等分离，得到初步富集。

（2）第二阶段：提取铂族金属精矿。主要是使贵金属与铜、镍等重金属基本分离，以获得铂族金属精矿。

（3）第三阶段：铂族金属分离，获得单一金属或化合物。采用各种工艺流程，使精矿中的铂族金属进一步和其他物料分离并实现铂族金属间的粗分，然后再提炼为单个的铂族金属或其化合物产品。

（4）第四阶段：单一金属或化合物提纯，制取各种纯度的产品。一般分离得到的单个铂族金属产品纯度不高，要进一步精制为纯的或高纯的产品。

由于提取铂族金属原料的种类众多、成分复杂，但仍然可大体划分为提取铂族金属精矿粗炼和精炼两个阶段。

13.3　砂铂矿中铂族金属的提取

从砂铂矿中提取铂族金属的过程有：砂矿采掘和重力选矿。矿砂可以用地下和露天方法开采，通常采用露天采矿作业，分两个阶段实施：剥离脉岩和开采含铂砂矿。

采掘的矿砂采用重选法，经过洗矿、溜槽和跳汰富集，得到含粗铂、部分金及大量磁铁矿、铬铁矿等的粗精矿，再经过精选作业，如摇床、磁选等，可获得精矿含铂族金属90%以上的砂铂，再去精炼。

13.4　含铂硫化物矿石中铂族金属的提取

含铂硫化物矿石中提取铂族金属的工艺流程决定于这些金属在该矿床中的存在形式。如果铂族金属是天然铂，则在选矿工艺流程中采用重选获得重力精矿；如果在矿石中，铂族金属含有磁性铂铁状态的铂，则通常应用磁选，并随后对富集进行加工。

南非某矿的矿体是铂矿体，由辉岩组成，内含铬铁矿夹层。金属矿物主要有黄铁矿、镍黄铁矿和黄铜矿，铂族金属含量为4~15g/t。对原矿石进行破碎、磨矿后，经留槽获得粗精矿，采用摇床加以精选，可获得重选精矿，含 Pt 30%~35%、Pd 4%~6%和其他铂族金属0.5%；对重选尾矿经调浆后进行浮选，获得浮选精矿，含 Ni 3.5%~4.0%、Cu 2.0%~2.3%、Fe 15.0%和 S 8.5%~10.0%精矿，铂族金属总量为110~150g/t。选矿提取率达82%~85%。

13.5　铜镍硫化矿中铂族金属回收

国内外的铂族金属主要是以镍铜的副产品回收为主。如加拿大某矿的矿区的铂族矿物主要有等轴碲钯铋矿、砷铂矿、碲铂矿、硫砷铑矿等；而我国铜镍硫化矿床产于超基性岩中，铂族矿物主要有砷铂矿、自然铂、铂金矿、钯金矿等数十种。

从共生矿中富集铜镍铂族金属首先需选矿，由于矿石中铂族金属含量极低，且与重金属矿物密切共生，又属疏水性矿物，因此多采用浮选-磁选处理原矿。

浮选精矿中铂族金属进一步富集，国内外都使用火法熔炼，使之捕集在铜镍锍中，回收率均很高。铜镍高锍的处理是共生矿选矿冶炼工艺的关键，其使用方法很多，各国处理技术的差异也主要体现在这个环节。其处理工艺的研究和选择，都以有利于铂族金属的富集和回收，减少分散损失作为重要的前提。生产使用处理铜镍高锍工艺有高锍磨浮铜镍合金加压酸浸、细磨高锍直接加压酸浸、细磨高锍盐酸或氯气选择性浸出法、缓冷高锍磨浮铜镍合金气化冶金等。

加拿大萨德伯里镍矿虽含铂族金属品位低，但它是世界上第一个工业开采的含铂族金属硫化铜镍矿。由于矿石中铂族金属品位较低，提取铂族金属的工艺过程要相对复杂一些。采用磨矿、浮选工艺流程，分选出铜镍合金及硫化镍精矿。一次铜镍合金经二次硫化熔炼、磨矿、浮选得到二次合金（含铂族金属 0.4%~0.5%），电解精炼可得富集了铂族金属的阳极泥；硫化镍精矿经电解精炼产出的阳极泥经熔炼、二次电解精炼，所得的二次阳极泥和二次合金电解阳极泥合并，经酸处理除贱金属，获得品位约 45%的铂族金属精矿。也有用羰基法精炼，羰基化残渣（含铂族金属约 4%）经熔炼贵铅、灰吹、硫酸处理获得铂族金属精矿。富集提取铂族金属精矿的工艺流程如图 13-1 所示。

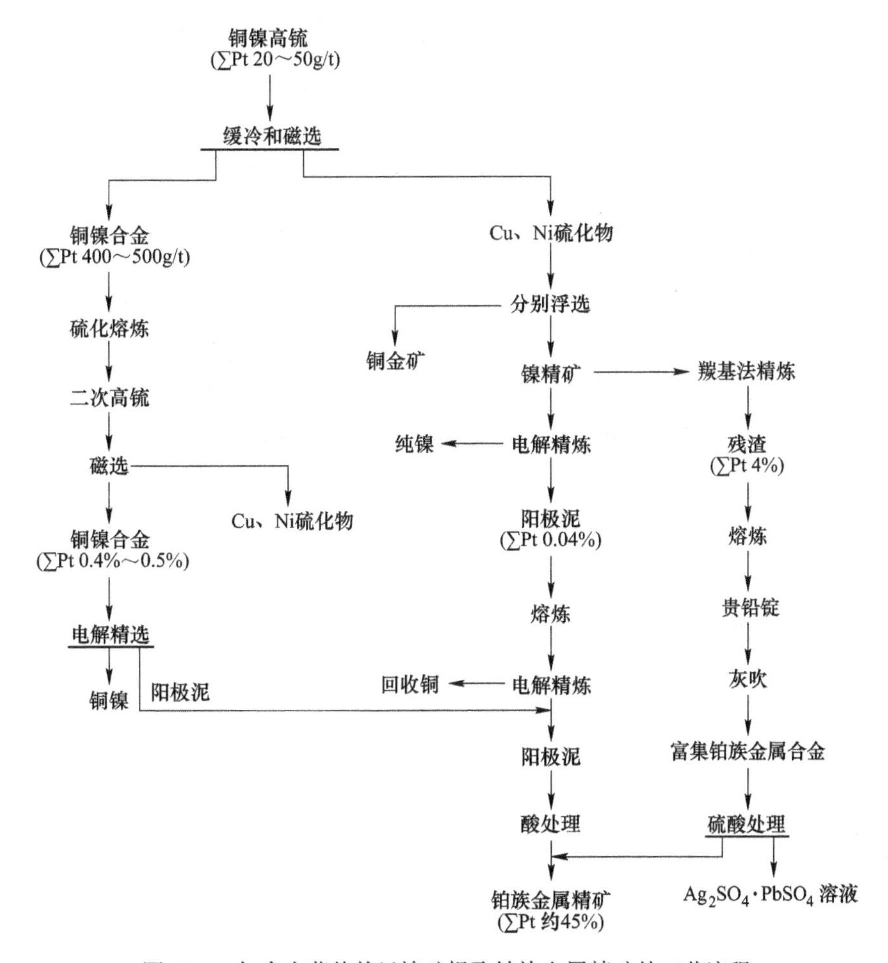

图 13-1 加拿大萨德伯里镍矿提取铂族金属精矿的工艺流程

金川公司冶炼厂因贵金属富集物含贵金属品位较低，直接移交精炼工序处理效果不好，而后改为将铜镍合金再硫化熔炼、磨矿、浮选，所得的二次铜镍合金经一系列处理可获得含铂族金属高于 10%的贵金属精矿，其工艺流程见图 13-2。

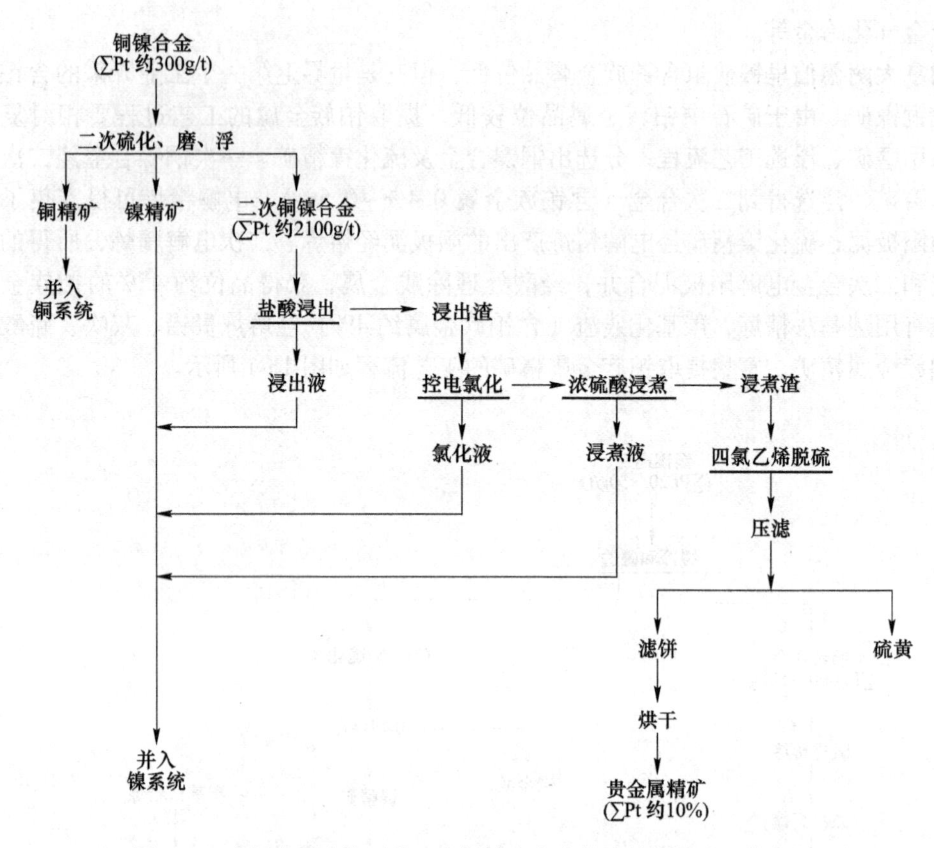

图 13-2 金川公司冶炼厂从二次铜镍合金中提取铂族精矿工艺流程

复习思考题

13-1 铂族金属提取的原料有哪些？

13-2 简述铂族提取的工艺。

14 铂族金属的分离与提纯

14.1 铂族金属分离的传统工艺流程

传统工艺流程特点是用焙烧-浸出、王水溶解以及不同试剂熔炼-浸溶的方法依次粗分各个金属。铂族金属的提取和精制流程因原料成分、含量的不同而异。

将铂族金属精矿或含铂族金属的阳极泥用王水溶解，钯、铂、金均进入溶液。用盐酸处理以破坏亚硝酸酰化合物，然后加硫酸亚铁或二氧化硫还原出粗金。再加氯化铵沉淀出粗氯铂酸铵，煅烧氯铂酸铵可得含铂99.5%以上的海绵铂。分离铂后的滤液，加入过量的氢氧化铵，再用盐酸酸化，沉淀出二氯二氨酸亚钯，再在氢气中加热煅烧可得纯度达99.7%的海绵钯。

上述王水处理后的不溶物与碳酸钠、硼砂和焦炭共熔，得贵铅。用灰吹法除去大部分铅，再用硝酸溶解银，可分离出铅、银，残留的铑、铱、钌和锇富集于残渣中。

将残渣与硫酸氢钠熔融，铑转化为可溶性的硫酸盐，用水浸出，加氢氧化钠沉淀出氢氧化铑，再用盐酸溶解，得氯铑酸，溶液提纯后，加入氯化铵，浓缩、结晶出氯铑酸铵，在氢气中煅烧，可得海绵铑。在硫酸氢钠熔融时，铱、钌和锇不反应，仍留于水浸残渣中。将残渣与过氧化钠和苛性钠一起熔融，用水浸出；向浸出液中通入氯气并蒸馏，钌和锇以氧化物形式蒸出。用乙醇-盐酸溶液吸收，将吸收液再加热蒸馏，并用碱液吸收得到锇酸钠，在吸收液中加氯化铵，则锇以铵盐形式沉淀，在氢气中煅烧，可得锇粉。

向蒸出锇的残液中加入氯化铵，可得钌的铵盐，再在氢气中煅烧，可得钌粉。

浸出钌和锇的残渣主要为氧化铱，用王水溶解，加氯化铵沉淀出粗氯铱酸铵，经精制，在氢气中煅烧，可得铱粉。

将上述得到铂族金属粉末再用粉末冶金法或通过高频感应电炉熔化可制得金属锭。

传统工艺流程采用沉淀分离技术，往往不能一次达到高效分离，需要进行多次。因而工艺流程周期繁杂，返料、中间料积压的铂族金属量大，对操作人员的技术水平要求较高。但传统工艺流程适应性强，对试剂、设备没有特殊要求，工艺成熟，只要严格按规程操作，一般都能达到预期结果。

14.2 金与铂族金属的分离

在含铂族金属的物料中，通常伴有金。金极易被还原，即使是很弱的还原剂都能使金从溶液中还原析出。因此，在铂族金属相互分离之前，首先要金分离出去。

14.2.1 还原沉淀法

从溶液中还原析出金，应用于生产中的还原剂有 $FeSO_4$、SO_2、$H_2C_2O_4$、$NaNO_2$、H_2O_2、Na_2SO_3 等。

$FeSO_4$ 还原法：$FeSO_4$ 还原分离金效果很好，但给贵金属溶液中带进了 Fe^{3+}、Fe^{2+}，将影响铂族金属间的相互分离。只有当溶液中只含有金、铂、钯时才考虑采用 $FeSO_4$ 还原，因为 Fe^{3+}、Fe^{2+}不影响铂钯的分离。

$H_2C_2O_4$ 还原法：$H_2C_2O_4$ 还原分离金效果也很好。但溶液要求控制一定的酸度，且留于沉金液中的过量 $H_2C_2O_4$ 将影响铂族金属分离，故常用于粗金的提纯。

$NaNO_2$ 还原法：$NaNO_2$ 还原法实质是金被还原析出时，铂族金属生成稳定的亚硝基配合物留在溶液中而与金分离。

SO_2 还原法：SO_2 还原分离金是一个经济、简便、效果好的方法，不会影响分金后的铂族金属分离，其化学反应式如下：

$$2HAuCl_4 + 3SO_2 + 6H_2O = 2Au\downarrow + 3H_2SO_4 + 8HCl$$

H_2O_2 还原法：金可用 H_2O_2 还原，其化学反应式如下：

$$2AuCl_3 + 3H_2O_2 = 2Au\downarrow + 6HCl + 3O_2$$

14.2.2 硫化钠沉淀法

硫化钠沉淀分离金时，钯也沉淀，其化学反应式如下：

$$2HAuCl_4 + 3Na_2S = Au_2S_3\downarrow + 6NaCl + 2HCl$$

$$H_2PdCl_4 + 2Na_2S = PdS\downarrow + 2NaCl + 2HCl$$

14.3 锇、钌与其他铂族金属的分离

从上述铂族金属分离传统分离工艺流程来看，首先是将贵金属精矿中含量较多的铂、钯、金先行分离，然后分离银、铅，再分离铑、铱，最后才提取锇、钌。这样在提取过程中容易造成锇、钌的分散和损失，同时降低了锇、钌的回收率。

14.3.1 蒸馏分离锇、钌

在铂族金属中，锇钌能生成正八价挥发性的四氧化物，根据这个特性可用蒸馏法使锇钌与其他贵金属元素分离。

锇钌或其溶液在强氧化剂（氧、氯）的作用下容易生成高价锇、钌氧化物，即 OsO_4、RuO_4。OsO_4 的熔点为 40℃，在 100℃开始挥发，沸点 134℃；RuO_4 的熔点为 25℃，在 40℃开始挥发。另外，锇比钌更容易损失。锇比钌更容易被氧化为四氧化物，无论在碱性溶液还是在酸性溶液中，RuO_4 的还原比 OsO_4 快得多，依据这些特性可以采用许多方法来实现锇、钌与其他铂族金属的分离以及两者的相互分离。

14.3.2 锇、钌的分离

上述高价锇钌氧化物，在碱熔水浸酸化后，选用不同的氧化剂可以分别蒸馏锇钌，也

可混合蒸馏锇钌，而用不同的吸收液吸收。

蒸馏一般在100~110℃下进行，OsO_4 和 RuO_4 被水蒸气带出，且不会分解。用硝酸作氧化剂则只能蒸馏出 OsO_4，用溴酸钠、高锰酸钾、重铬酸钠、氯气等氧化剂可使锇钌一起蒸出。蒸出的锇、钌四氧化物分别用盐酸吸收钌、用氢氧化钠溶液吸收锇。

14.4 金、钯分离

贵金属精矿经氯化造液、蒸馏分离锇钌后，其余贵金属几乎全部汇集于蒸馏残液中。首先用选择沉淀的方法，将金、钯分离出来，余液再用来分离提取铂、铑、铱。

14.4.1 选择沉淀金、钯

贵金属离子与硫离子化合物能力存在着很大的差异，其化合能力由大到小的顺序为：Au^{3+}、Pd^{2+}、Cu^{2+}、Pt^{4+}、Rh^{3+}、Ir^{3+}。由此可知，Na_2S 与 $HAuCl_4$、H_2PdCl_4 反应最为迅速，H_2PtCl_6 次之，铑、铱则难以生成硫化物沉淀。金、钯和部分铂按下式反应进行硫化沉淀：

$$2HAuCl_4 + 3Na_2S = Au_2S_3\downarrow + 6NaCl + 2HCl$$

$$H_2PdCl_4 + Na_2S = PdS\downarrow + 2NaCl + 2HCl$$

$$H_2PtCl_6 + 2Na_2S = PtS_2\downarrow + 4NaCl + 2HCl$$

经过滤沉淀出金、钯和部分铂，此时的滤液再分离提取铂、铑、铱。

14.4.2 金、钯、铂的分离

Au_2S_3、PdS、PtS_2 为黑色粉状沉淀，经洗涤后用 HCl 加 H_2O_2 溶解造液，过滤去掉单体硫后，产出 $HAuCl_4$、H_2PdCl_4、H_2PtCl_4 的混合溶液。

通常采用二氧化硫还原剂，因为不再带入金属杂质。在贵金属氯络酸混合液中通入 SO_2 后，金的还原反应式为：

$$2HAuCl_4 + 3SO_2 + 6H_2O = 2Au\downarrow + 3H_2SO_4 + 8HCl$$

滤液经 SO_2 还原金后，就通入氯气赶尽溶解的 SO_2，并使铂、钯氯络酸盐保持高价态，其化学反应式如下：

$$H_2PtCl_4 + Cl_2 = H_2PtCl_6$$

$$H_2PdCl_4 + Cl_2 = H_2PdCl_6$$

若将溶液加热至沸腾并快速冷却时，上述的钯反应平衡向左移动，Pd^{4+} 分解为 Pd^{2+}，而铂仍以 Pt^{4+} 存在。此时向滤液中加入氯化铵，产生以下化学反应：

$$H_2PtCl_6 + 2NH_4Cl = (NH_4)_2PtCl_6\downarrow + 2HCl$$

$$H_2PdCl_4 + 2NH_4Cl = (NH_4)_2PdCl_4 + 2HCl$$

生成的 $(NH_4)_2PtCl_6$ 叫做氯铂酸铵，为淡黄色沉淀，仅能少量溶于热水而不易溶于常温下的冷氯化铵溶液；而生成的 $(NH_4)_2PdCl_4$ 叫做氯亚钯酸铵，它与四价钯盐不同，能溶于水。生成的沉淀经过吸滤后，再用常温氯化铵水溶液洗涤，就可使铂进入沉淀与进入溶液的钯实现分离。

14.5　铂与铑、铱分离

经选择沉淀金、钯后，部分铂虽与金、钯共沉，而其余大部分铂仍与铑、铱一道进入滤液。此滤液要先进行铂与铑、铱的分离。在一定的pH值下，铑、铱氯络离子很快水解生成氢氧化物沉淀，而Pt^{4+}不生成沉淀，从而实现了铂与铑、铱的分离。

14.5.1　氧化作业

氧化作业的目的是使料液中贵金属氯络离子保持高价状态，以便在适当的pH值条件下使铑、铱及各种贵、贱金属尽快水解生成稳定的氢氧化物沉淀，而铂被氧化成高价氯络离子，不水解。

常选择的氧化剂有：氯气（或饱和氯气的水溶液）、溴酸钠、双氧水、氧气以及硝酸等。目前氯气和溴酸钠广泛地作为氧化剂使用。

14.5.2　水解作业

水解作业分两次加入溴酸钠溶液，为了防止料液游离盐酸过多，水解氧化前应适当延长加热驱赶氯化氢的时间，这有利于减少碱液的消耗和溶液中氯离子的积累，同时也有利于彻底而快速地水解。当料液pH值调整至8~9时，水解反应已大部分完成。其水解反应方程式如下：

$$Na_2RhCl_4 + 4H_2O = 4HCl + 2NaCl + Rh(OH)_4\downarrow$$
$$Na_2IrCl_4 + 4H_2O = 4HCl + 2NaCl + Ir(OH)_4\downarrow$$
$$Na_2PtCl_4 + 4H_2O = 4HCl + 2NaCl + Pt(OH)_4\downarrow$$

但有：

$$Pt(OH)_4 + 2H_2O = Pt(OH)_4\cdot 2H_2O(\text{或 }H_2Pt(OH)_6)$$
$$H_2Pt(OH)_6 + 2NaOH = Na_2Pt(OH)_6 + 2H_2O$$

14.5.3　过滤与赶溴作业

（1）过滤。终点pH值保持约一刻钟后，料液要快速冷却，急剧降至常温。这一方面能防止高价铂氯络离子分解还原成低价的氯亚铂络离子而进入沉淀；另一方面也可避免部分生成的水解沉淀物重新溶解而使上述铂液混入杂质。用外冷加内冷的联合工艺进行快速冷却，可获得较好的效果。

料液冷至常温后，最好静置一夜，使料液自然沉降澄清后，先将上清液仔细吸出过滤。沉淀滤出物，要用pH=8~9的洗液洗涤，尽可能将沉淀中含有可溶性铂离子进入洗液。沉淀中富集了铑、铱氢氧化物等贵金属，用盐酸溶解后再进行分离提取铑、铱。

（2）赶溴。富集了铂的滤液和洗液合并，溶液送去赶溴。赶溴作业时，先用盐酸将溶液酸化至pH值为0.5，然后将溶液加热至沸腾，使溴化物分解生成气态的HBr或Br_2与溶液分离。

加热赶溴作业容器不要装得太满，因为突发性气泡容易使溶液溅出，造成铂的损失。溴蒸气具有较强的腐蚀作用，对人体及设备有不利影响，要求在具有负压的通风橱中进行作业。

赶溴后的含铂溶液，通常直接进行铂的提取，产出的粗铂再进行精炼提纯。从溶液中提取铂方法很多，用氯化铵沉淀-煅烧法、电积法、还原法等。用还原剂还原提取铂，是最简单一种，如选用水合肼作还原剂，还原化学反应方程式如下：

$$Na_2PtCl_4 + 4[(NH_2)_2 \cdot H_2O] = Pt\downarrow + 2NaCl + 4NH_4Cl + 2N_2 + 4H_2O$$

产物为黑色铂粉，再进一步进行精炼。

14.6 铑、铱分离

铑、铱的化学特性相近，是铂族金属中最难分离的一对元素，一般都是放在其他元素分离后，再进行分离提纯。虽然已有多种方法曾被使用，但分离效果都不能令人满意。近年来，在萃取分离方面有了较大的进步，其中一些萃取工艺已用于工业生产。

14.6.1 硫酸氢钠熔融法

硫酸氢钠熔融法是早期经常使用的方法之一，它是将含铑、铱金属与硫酸氢钠混合，在500℃左右熔融，冷却后用水浸出，此时的铑以硫酸盐的形态进入溶液，然后用亚硝酸盐络合法来精制铑粉；而铱大部分仍留在浸出渣中，然后将含铱渣碱熔转入溶液，用$(NH_4)_2IrCl_6$反复结晶、煅烧，可制得铱粉。溶液中的铑、铱通常是在氧化剂存在下，使$(NH_4)_2IrCl_6$沉淀与铑分离。

这种方法的主要缺点：过程冗长，操作复杂，试剂消耗大，往往需要反复多次熔融、浸出才能使铑、铱分离。但它又是溶解难溶金属的有效方法之一，且能与铱分离，因此，在处理量不大时仍可被选用。

14.6.2 还原及沉淀法

某些金属的低价盐（如亚钛盐、亚铬盐）、锑粉、铜粉等，能把铑还原成金属，把铱仅还原到3价，从而实现铑铱分离。如在盐酸介质中用活泼铜粉置换铑、铱组分，在91~93℃下将溶液中的铑几乎定量还原成金属，而铱仅还原到3价。但是，用还原剂进行分离的效果并不理想，往往使产品铑不纯，且使铱的分离复杂化。

采用选择性沉淀剂的方法来分离铑和铱，如用H_2S沉淀出Rh_2S_3，而$IrCl_6^{3-}$留在溶液中；Na_2S可从亚硝酸盐溶液中沉淀出Rh_2S_3；过氧硫脲($(NH_2)_2CSO_2$)和有机试剂（如2-巯基苯并噻唑、硫代乙酰替苯胺等含硫有机溶剂）也用于选择性沉淀铑。

用亚硫酸铵沉淀法分离铑、铱时，氯铑酸同亚硫酸铵发生化学反应如下：

$$H_3[RhCl_6] + 3(NH_4)_3SO_3 = (NH_4)_3Rh(SO_3)_3\downarrow + HCl + 3NH_4Cl$$

反应产物不溶于水，铱虽能发生类似反应，但它的相应配合物可以溶解，从而实现与铑分离。

14.6.3 萃取分离法

萃取分离法的萃取过程对料液要求较高，要求料液中其他金属及贱金属等含量不得过量。因此，在料液萃取前首先需要进行预处理，然后才能进行萃取分离。下面介绍萃取分离铑、铱的一种萃取剂——工业烷基氧化膦，简称 TAPO。

工业烷基氧化膦在室温下为油状黄色高黏度液体，须用稀释剂溶解，稀释剂可选用苯或磺化煤油。由于苯黏度小且不会带入还原性杂质，因此效果好。但苯的沸点低，易挥发，对人体有害，常用磺化煤油代替苯作稀释剂，这时需要加入添加剂仲辛醇，以消除生成第三相的有害影响。仲辛醇有刺臭味，并具有一定的还原能力，尤其能少量溶解于酸而进入水相，使萃取过程受到影响，因此，就限制仲辛醇的用量。

萃取剂的配制，按体积百分数计：工业烷基氧化磷 30%，磺化煤油 50%，仲辛醇 20%。

（1）铑、铱富集液的预处理。铑、铱富集液是贵金属精矿分离提取锇、钌、金、钯、铂后的溶液，此溶液中不可避免地残留有少量上述贵金属和普通金属杂质。它们的存在不仅对萃取作业产生有害的影响，而且也不产出纯净的铑、铱产品。因此，在铑、铱萃取分离前，必须对料液进行预处理，使存在于富集液中的各类杂质在不同过程中分别除去。

（2）萃取分离作业。料液经预处理后，为提高工业烷基氧化膦对铱的萃取率，必须控制高价态铱（+4 价），故料液还需氧化。氧化料液可选用氯气或氯酸钠作氧化剂，氧化剂用量应控制在 $Ir : NaClO_3 = 1 : 3$，按此要求萃取铱，铱的萃取率可达 99%以上。若料液采用中温氯化并采用通入氯气氧化的工艺，将更能提高铱的萃取率。

（3）铱的提取。铱的提取从载铱的有机相中反萃铱。常用氢氧化钠稀溶液作反萃剂，把铱从工业烷基氧化膦有机相中溶解出来。反萃液经过滤、净化后，用氯化铵沉淀铱，然后再提纯铱（详见下一章铱的精炼）。

（4）铑的提取。铑是从萃余液中提取。首先，将萃余液加热浓缩至干，然后用水溶解，经特殊装置过滤后，以除去萃余液中的有机物杂质，并调制产出铑离子浓度较萃余液高的溶液。其次，料液用氢氧化钠溶液中和，调 pH 值为弱碱性，溶液加热到 80℃，缓慢加入定量的甲酸还原剂来还原铑，其化学反应方程式为：

$$2HCOOH + H_2RhCl_6 = Rh\downarrow + 2CO_2 + 6HCl$$

$$3HCOOH + 2H_2RhCl_5 = 2Rh\downarrow + 3CO_2 + 10HCl$$

加入甲酸还原时，反应激烈，并产出大量二氧化碳，容易冒槽，所以应在加保护套的容器中进行作业。随着甲酸的加入，产出的盐酸使过程 pH 下降，这时要用 10%的 NaOH 溶液将料液 pH 调整至 8，促使反应由左向右进行，直至铑离子完全被甲酸还原为止。

还原作业时，料液中所含铱和其他贵金属杂质，也被甲酸一道还原，获得产物因含杂而称为粗铑。为除去粗铑中部分杂质，必将粗铑先行造液溶解，然后精制（详见下一章铑的精炼）。

复习思考题

14-1　简述铂族金属分离的传统工艺流程。

14-2　简述金与铂族分离。

14-3　简述锇、钌与其他铂族金属的分离。

14-4　简述铑、铱分离过程。

15 铂族金属精炼

15.1 铂的精炼

铂的精炼在冶金上使用的是氯化铵反复沉淀法、直接载体水解-离子交换法和溴酸钠水解法。

15.1.1 氯化铵反复沉淀法

（1）粗铂溶解：

$$3Pt + 王水 \longrightarrow H_2PtCl_6$$

（2）加入氯化铵生成氯铂酸铵沉淀：

$$H_2PtCl_6 + 2NH_4Cl = (NH_4)_2PtCl_6\downarrow + 2HCl$$

（3）氯铂酸铵沉淀的溶解（用 SO_2 还原）：

$$(NH_4)_2PtCl_6 + SO_2 + H_2O = (NH_4)_2PtCl_4 + H_2SO_4 + 2HCl$$

（4）通入氯气氧化氯亚铂酸铵：

$$(NH_4)_2PtCl_4 + Cl_2 = (NH_4)_2PtCl_6$$

（5）沉淀、还原：沉淀还原三次，过滤产出黄色氯铂酸铵沉淀，抽干水后放入坩埚，在马弗炉内缓慢升温至400℃，使铵盐分解后，再升温至900℃保温1h，可炼出海绵铂，品位在99.99%。

15.1.2 直接载体水解-离子交换法

（1）粗铂溶解：

$$Pt + 王水 \longrightarrow H_2PtCl_6$$

（2）加入氯化钠生成氯铂酸钠：

$$H_2PtCl_6 + 2NaCl = Na_2PtCl_6 + 2HCl$$

（3）载体水解：制得 Na_2PtCl_6 溶液水解，升温80℃左右加入相应铂量0.3%的铁（$FeCl_3$ 溶液），用10%NaOH溶液调pH值7~8。滤渣集中回收贵金属，滤液进行下一步离子交换。

（4）离子交换：经二次水解过的铂滤液用盐酸调pH值为2.5左右，再用732型阳离子树脂交换。

（5）沉淀灼烧：将交换后得到的溶液用 NH_4Cl 沉淀、过滤，得到蛋黄色的 $(NH_4)_2PtCl_6$ 沉淀，放入铂坩埚中烘干、灼烧、分解，获得高纯海绵铂。

15.1.3 溴酸钠水解法

溴酸钠水解法与直接载体-离子交换法一样，区别在于水解时加入10%溴酸钠溶液，再加入铂量0.3%的铁（$FeCl_3$ 溶液）。其他步骤及方法类同。

15.2　钯的精炼

钯的精炼通常有二氯二氨络亚钯沉淀法、氯钯酸铵反复沉淀法。

15.2.1　二氯二氨络亚钯沉淀法

（1）粗钯的造液：钯溶于王水生成氯钯酸（H_2PdCl_6），在煮沸时，将自行转化为氯亚钯酸（H_2PdCl_4），形成稳定的低价亚钯氯络离子。

（2）除银、赶硝：用氯化沉淀-氨络合的工艺方法。该工艺要求原液适当稀释后，搅拌加入氯化钠饱和溶液，银以氯化银状态白色沉淀出来。

（3）氨水络合：向钯料液中加入浓氨水，控制 pH = 8 ~ 9，料液中多数杂质金属离子生成相应的氢氧化物或碱式盐沉淀。料液中氯亚钯酸，在氨水作用下产生反应生成肉红色沉淀氯亚钯酸四氨络合亚钯（$Pd(NH_3)_4 \cdot PdCl_4$）：

$$2H_2PdCl_4 + 4NH_4OH = Pd(NH_3)_4 \cdot PdCl_4 + 4HCl + 4H_2O$$

$$2Na_2PdCl_4 + 4NH_4OH = Pd(NH_3)_4 \cdot PdCl_4 + 4NaCl + 4H_2O$$

当继续加入氨水至 pH = 8 ~ 9，在加热温度达 80℃时，肉红色沉淀消失，并生成浅色二氯四氨络亚钯溶液：

$$Pd(NH_3)_4 \cdot PdCl_4 + 4NH_4OH = 2Pd(NH_3)_4Cl_2 + 4H_2O$$

（4）酸化沉淀：酸化沉淀法是基于酸性条件下，二氯四氨络亚钯将转化为二氯二氨络亚钯（$Pd(NH_3)_2Cl_2$）黄色沉淀，其他各种杂质则仍留在溶液中，从而实现了钯与上述杂质的进一步分离。

（5）煅烧与氢还原：将精制的二氯二氨络亚钯黄色沉淀烘干，然后进行高温煅烧，使其分解氧化生成氧化钯，再将氧化钯在氢气氛中高温还原，最后制得粉状金属钯，称之为海绵钯。其反应式如下：

$$3Pd(NH_3)_2Cl_2 \xlongequal{\triangle} 3Pd + 2HCl + 4NH_4Cl + N_2$$

$$2Pd + O_2 \xlongequal{\triangle} 2PdO$$

$$PdO + H_2 \xlongequal{\triangle} Pd + H_2O$$

15.2.2　氯钯酸铵反复沉淀法

高价铂族金属氯络离子都能与氯化铵作用生成相应的铵盐沉淀，因此，与氯铂酸铵反复沉淀精炼法原理相似，氯钯酸铵沉淀法同样可对钯盐进行精制。

粗钯的造液与上述的二氯二氨络亚钯沉淀精炼法相同，最后形成氯亚钯酸（H_2PdCl_4），稳定的低价亚钯氯络离子。在料液中加氯化铵，生成红色的氯钯酸铵沉淀，其反应式如下：

$$H_2PdCl_4 + Cl_2 + 2NH_4Cl = (NH_4)_2PdCl_6\downarrow + 2HCl$$

$$Na_2PdCl_4 + Cl_2 + 2NH_4Cl = (NH_4)_2PdCl_6\downarrow + 2NaCl$$

若原料中含有其他铂族金属氯络离子，也会生成铵盐，并与氯钯酸铵共存，沉淀颜色则变为赤褐色和黄褐色。

四价钯的氯钯酸铵很不稳定，在长时间加热或还原剂存在的条件下，它将分解或还原为氯亚钯酸铵，溶液呈暗红色。因此，为了避免生成可溶性亚钯盐，应在精炼过程中采取措施，否则影响钯的回收率。

红色的氯钯酸铵沉淀进行洗涤时，也须用 NH_4Cl 为 20%的冷溶液作洗液。沉淀干燥后，经高温煅烧、氢还原工艺可获得海绵钯。

15.3 铑的精炼

铑的精炼有亚硝酸钠络合-硫化除杂质-亚硝酸铵除铱的工艺，可制取 99.9%的海绵铑。

（1）粗铑的造液。金属铑较难于进行化学溶解造液，王水溶解铑粉时，仍有部分铑不溶。在 300~400℃的条件下用硫酸氢钠在刚玉坩埚中进行溶融处理不溶物，使铑转变为可溶性的硫酸铑，再用热水溶出硫酸铑。如此反复数次，直到铑几乎全部溶出后为止。用氢氧化钠中和水溶性硫酸铑的浸出液，使铑以氢氧化铑沉淀析出，过滤洗净，再用盐酸溶解氢氧化铑沉淀，生成氯铑酸溶液，其化学反应式如下：

$$Rh(OH)_3 + 5HCl = H_2RhCl_5 + 3H_2O$$

$$Rh(OH)_4 + 6HCl = H_2RhCl_6 + 4H_2O$$

（2）亚硝酸钠络合。与钯氯络离子用氨络合一样，向滤液中加入亚硝酸钠生成稳定的可溶性亚硝酸钠铑络合物，其化学反应式如下：

$$H_2RhCl_5 + 5NaNO_3 = Na_2Rh(NO_2)_5 + 3NaCl + 2HCl$$

（3）硫化沉淀法除杂质。由于各种金属硫化物（用 MeS 表示）具有不同的溶度积，用硫化法可从贵金属盐溶液中选择沉淀。在含铂族金属离子的水溶液中，室温下通入 H_2S 来沉淀，此时硫化反应时将有酸生成，溶液 pH 值会适当下降，其化学反应式如下：

$$MeCl_2 + H_2S = MeS\downarrow + 2HCl$$

若用 Na_2S 作硫化剂时，操作方便，但溶液的 pH 值略有升高，其化学反应式如下：

$$MeCl_2 + Na_2S = MeS\downarrow + 2NaCl$$

（4）亚硫酸铵精制除铱。用亚硫酸铵可使铑氯络离子按下式反应，生成三亚硫酸络铑的乳白色沉淀：

$$Na_2RhCl_5 + 3(NH_4)_2SO_3 = (NH_4)_3Rh(SO_3)_3\downarrow + 3NH_4Cl + 2NaCl$$

三亚硫酸络铑酸铵沉淀，易溶于煮沸和过饱和的亚硫酸铵溶液中，也易溶于浓盐酸，生成针状樱桃红色的可溶性氯铑酸铵，其化学反应式如下：

$$(NH_4)_3Rh(SO_3)_3 + 6HCl = (NH_4)_3RhCl_6 + 3SO_2 + 3H_2O$$

溶解产出的滤液反复用亚硫酸铵沉淀数次，可将铱除到要求程度以下。

（5）氯化铵沉淀法。当用硫化沉淀除杂质后的铑液不含铱时，可直接用氯化铵沉淀法处理，在微酸性下产出难溶于水的六亚硝基络铑酸钠铵白色沉淀，其化学反应式如下：

$$Na_3Rh(NO_2)_6 + 2NH_4Cl = (NH_4)_2NaRh(NO_2)_6\downarrow + 2NaCl$$

铱也能生成与铑有类似结构的化合物，产出白色的 $(NH_4)_2NaIr(NO_2)_6$ 沉淀，因此要将铱先期脱除。

（6）铑的还原。在氯化铵沉淀作业后，进一步除去料液中的普通金属和银等杂质，然后用甲酸或水合肼还原，生成金属铑，其化学反应式如下：

$$3HCOOH + 2Na_2Rh(NO_2)_6 = 2Rh + 6HNO_3 + 3CO_2 + 6NaNO_2$$

15.4　铱的精炼

铑、铱分离后，铱的精制，常采用氯铱酸铵反复沉淀精制法，并辅以硫化除杂质的工艺。

（1）铱的造液。铱是铂族金属中最难溶解的金属。采用硝石、氢氧化钠、过氧化钠等混合盐或单用过氧化钠与铱熔融，使铱转化为可溶盐。

向粗铱粉中加入等量脱水后的氢氧化钠和三倍的过氧化钠，在 600~750℃ 条件下使其熔化，并不断搅拌加热 60~90 分钟。熔融产物倒在铁板上或坩埚中碎化冷却，用冷水浸出，原料中锇、钌几乎大部分进入浸出液，而大部分铱则以氧化物或钠盐形式留于浸出渣中，残渣用次氯酸钠处理，可将残渣中的钌全部溶解而与残渣分离。残渣最后用盐酸反复加热溶解铱，直至铱全部进入溶液。

（2）氯铱酸铵沉淀。向铱的盐酸浸出液中加入氧化剂（如氯气、硝酸等），使铱转变为 Ir^{4+}。再加入氯化铵，生成氯铱酸铵（$(NH_4)_2IrCl_6$）黑色沉淀。纯黑钯氯铱酸铵沉淀冷却、澄清、过滤，然后用氯化铵 15% 的溶液洗涤并送下道工序处理。

（3）氯铱酸铵的还原。为了除去氯铱酸铵中的杂质，要用还原剂将四价铱还原为三价铱，以 $(NH_4)_2IrCl_5$ 形式存在于溶液中。

（4）硫化铵除杂。用硫化铵溶液作硫化剂，进行硫化除杂。除杂产生硫化物沉淀，过滤后综合回收其中的贵金属，滤液是被提纯了的三价铱盐。

（5）氯铱酸铵再沉淀。在上述滤液中加入氧化剂并加热，使三价铱全部氧化为四价铱，再次生成氯铱酸铵黑色沉淀。经过反复还原、硫化、氧化处理，可除去料液中大部分杂质，得到纯净的氯铱酸铵沉淀。

（6）煅烧、氢还原。精制的黑色氯铱酸铵沉淀，用王水和氯化铵溶液溶解、洗涤，经检验无铁离子后将黑色氯铱酸铵沉淀烘干。然后将烘干的沉淀高温煅烧生成三氯化铱和氧化铱的黑色混合物，再用氢还原，可得海绵铱。

15.5　锇的精炼

锇的精炼主要是对锇吸收液的处理。

（1）锇造液蒸馏。首先采用强氧化剂将精矿中锇氧化生成四氧化锇，其次在碱熔水浸酸化后，控制过程温度为 100~110℃，OsO_4 被水蒸气带出。

（2）吸收。根据 OsO_4 的不同特性，氢氧化钠溶液作锇的吸收液，锇吸收液的氢氧化钠浓度则控制在约 20%。

锇吸收的主要化学反应式为：

$$2OsO_4 + 4NaOH = 2Na_2OsO_4 + 2H_2O + 2O_2$$

（3）从吸收液中提取锇。对于锇粉吸收液，可加入氢氧化钾沉锇，生成紫红色沉淀锇酸钾（K_2OsO_4），化学反应式为：

$$2Na_2OsO_2 + 4KOH = 2K_2OsO_4\downarrow + 4NaOH$$

锇吸收液也可加固体氯化铵，按下式化学反应来沉淀锇：

$$2Na_2OsO_2 + 4NH_4Cl = [OsO_2(NH_3)_4]Cl_2\downarrow + 2NaCl + 2H_2O$$

（4）煅烧、氢还原。若生成的是锇酸钾（K_2OsO_4），在压力为2.5MPa，温度为125℃下高温高压氢还原，按下式化学反应产出海绵锇：

$$K_2OsO_4 + 2HCl + 3H_2 = Os\downarrow + 2KCl + 4H_2O$$

若加入固体氯化铵沉淀锇，产生的锇盐经过滤、干燥后，在温度为700~800℃的条件下煅烧，氢还原，在氮气冷却后，可制得锇粉。

15.6　钌的精炼

钌的精炼主要是对钌吸收液的处理。

（1）钌造液蒸馏。首先采用强氧化剂将精矿中钌氧化生成四氧化钌，其次在碱熔水浸酸化后，控制过程温度为100~110℃，RuO_4被水蒸气带出。

（2）吸收。根据RuO_4的特性选择盐酸作钌的吸收液，钌吸收液的盐酸浓度控制约4M，温度保持在25~35℃。

钌吸收的主要化学反应式为：

$$2RuO_4 + 20HCl = 2H_2RuCl_5 + 2H_2O + 5Cl_2$$

（3）从吸收液中提取钌。对于钌吸收液，先缓慢加热浓缩，控制钌浓度约30g/L，并将三价钌氧化成为四价钌后，加入氯化铵生成氯钌酸铵（$(NH_4)_2RuCl_6$）暗红色沉淀，其化学反应方程式为：

$$H_2RuCl_6 + 2NH_4Cl = (NH_4)_2RuCl_6\downarrow + 2HCl$$

（4）煅烧、氢还原。生成氯钌酸铵（$(NH_4)_2RuCl_6$），在430℃下煅烧，850℃下进行氢还原，可制得钌粉。

复习思考题

15-1　铂的精炼在冶金上使用方法有哪几种？

15-2　简述铂族各金属的精炼。

参 考 文 献

[1] 魏德洲．固体物料分选学［M］．北京：冶金工业出版社，2015.
[2]《贵金属生产技术实用手册》编委会．贵金属生产技术实用手册（上册）［M］．北京：冶金工业出版社，2011.
[3]《贵金属生产技术实用手册》编委会．贵金属生产技术实用手册（下册）［M］．北京：冶金工业出版社，2011.
[4] 孙戬．金银冶金［M］．北京：冶金工业出版社，1986.
[5] 蔡殿忱，徐志明．金矿石化学处理工艺学［M］，辽宁：东北大学出版社，1996.
[6] 卢宜源，宾万达．贵金属冶金学［M］．长沙：中南大学出版社，2004.
[7] 黄振卿．简明黄金实用手册［M］．长春：东北师范大学出版社，1991.
[8] B. M. 马雷谢夫．黄金［M］．北京：冶金工业出版社，1979.
[9] Ammen C W. 贵金属的回收与精炼［M］．上海贵稀金属提炼厂，1989.
[10] 崔德文．黄金矿山实用手册［M］．北京：中国工人出版社，1990.
[11] 宁远涛，赵怀志．金［M］．长沙：中南大学出版社，2005.
[12] 余建明．贵金属分离与精炼工艺学［M］．北京：化学工业出版社，2006.
[13] 罗镇宽．中国金矿床概论［M］．天津：天津科学技术出版社，1993.
[14] 胡为柏．浮选［M］．北京：冶金工业出版社，1989.
[15] 黄礼煌．金银提取技术［M］．北京：冶金工业出版社，1995.
[16]《中国黄金生产实用技术》编委会．中国黄金生产实用技术［M］．北京：冶金工业出版社，1998.
[17] 徐天允，徐正春．金的氰化与冶炼［M］．沈阳黄金专科学校，1985.
[18] 黎鼎鑫．贵金属提取与精炼［M］．长沙：中南工业出版社，1991.
[19] 北京矿冶研究总院．金川硫化铜镍矿二矿区富矿精矿降镁及指标优化的试验研究报告［R］．2005.
[20] 金川公司镍钴研究所，峨眉郑州矿产资源利用研究所．金川硫化铜镍矿工艺矿物与工艺关系［R］．2005.
[21] 王俊，张全祯．炭浆提金工艺与实践［J］．北京：冶金工业出版社，2000.
[22] 吴振寰，朱少华．湿法冶金新技术新工艺实用手册［M］．北京：中国环境科学出版社，2005.
[23] 吉林省冶金研究所．金的选矿［M］．北京：冶金工业出版社，1978.
[24] 蒙星辉．Au-NH_3-H_2O 的电位-pH 值图及其热力学分析［J］．化工冶金，1988（3）：56.
[25] 杨伯和，周梅．有机萃取剂体系中的离子交换［M］．北京：冶金工业出版社，1993.
[26] 姜乾，胡洁雪．硫代硫酸盐溶液浸金研究［M］．北京：冶金工业出版社，1994.
[27] 袁利伟，陈玉明．用离子交换树脂从氰化物溶液中回收金的技术及其展望［J］．矿产综合利用，2003（5）：30~34.
[28] 夏祎．离子交换树脂［M］．北京：化学工业出版社，1983.
[29] 周全法．贵金属深加工及其应用［M］．北京：化学工业出版社，2001.
[30] 梁有彬．中国铂族元素矿床［M］．北京：冶金工业出版社，1998.
[31] Robert B Coleman. 难浸金矿石及精矿的焙烧［M］．北京：北京大学出版社，1991.
[32] 周美付，白文吉．中国铬铁矿的铂族元素分布特征［J］．矿物学报，1994，14（2）：157~163.
[33] 中国科学院地球化学研究所．中国含铂地质体铂族元素地球化学及铂族矿物［M］．北京：科学出版社，1981.
[34] M. 塔基安，等．斑岩铜矿铂族元素初步研究［J］．国外地质科技，1999（3）：34~44.
[35] 孙玉波．重力选矿［M］．北京：冶金工业出版社，1985.
[36] 李启衡．破碎与磨矿［M］．北京：冶金工业出版社，2004.

[37] Barnes J E, Edwards J D. Solvent extraction at Inco's Acton precious metals refinery [J]. Chem. Ind., 1982: 151~155.

[38] Sudhir C Dhara. The application of ion exchangers in the precious metals technology [J]. Precious Metals, 1993: 375~410.

[39] Microbiology and the bacteria [EB/OL]. www. Golgfields. co. za.

[40] September 2008 Quaterly Report [EB/OL]. www. sinogold. com.

冶金工业出版社部分图书推荐

书　　名	作　者	定价(元)
中国冶金百科全书·选矿卷	编委会　编	140.00
选矿工程师手册（共4册）	孙传尧　主编	950.00
金属及矿产品深加工	戴永年　等著	118.00
膏体与浓密尾矿指南（第3版）	吴爱祥　译	185.00
选矿试验研究与产业化	朱俊士　等编	138.00
贵金属提取新技术	黄礼煌　著	149.00
稀贵金属冶金新进展	邱定蕃　主编	146.00
黄金冶金新技术	曲胜利　主编	89.00
有色冶金概论（本科国规教材）	华一新　主编	49.00
有色金属真空冶金（第2版）（本科国规教材）	戴永年　主编	36.00
重金属冶金学（本科教材）	翟秀静　主编	49.00
稀有金属冶金学（本科教材）	李洪桂　主编	34.80
磨矿原理（第2版）（本科教材）	韩跃新　主编	49.00
矿物加工过程检测与控制技术（本科教材）	邓海波　等编	36.00
新编选矿概论（第2版）（本科教材）	魏德洲　主编	35.00
固体物料分选学（第3版）（本科教材）	魏德洲　主编	60.00
磁电选矿（第2版）（本科教材）	袁致涛　等编	39.00
选矿试验与生产检测（高校教材）	李志章　主编	28.00
物理化学（第2版）（高职高专教材）	邓基芹　主编	28.00
重力选矿技术（职业技能培训教材）	周晓四　主编	40.00
磁电选矿技术（职业技能培训教材）	陈　斌　主编	29.00
浮游选矿技术（职业技能培训教材）	王　资　主编	36.00
碎矿与磨矿技术（职业技能培训教材）	杨家文　主编	35.00